形势与对策

——2021 年全国气象优秀调研成果选

主　编：于新文
副主编：周韶雄　张　力

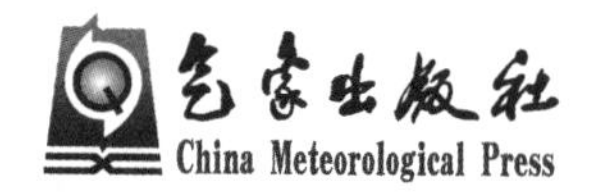

图书在版编目（CIP）数据

形势与对策. 2021年全国气象优秀调研成果选 / 于新文主编 ; 周韶雄, 张力副主编. -- 北京 : 气象出版社, 2022.7
ISBN 978-7-5029-7742-9

Ⅰ. ①形… Ⅱ. ①于… ②周… ③张… Ⅲ. ①气象学—中国—文集 Ⅳ. ①P4-53

中国版本图书馆CIP数据核字(2022)第108989号

形势与对策——2021年全国气象优秀调研成果选

Xingshi yu Duice——2021 Nian Quanguo Qixiang Youxiu Diaoyan Chengguo Xuan

---

出版发行：气象出版社
地　　址：北京市海淀区中关村南大街46号　　**邮政编码**：100081
电　　话：010-68407112(总编室)　010-68408042(发行部)
网　　址：http://www.qxcbs.com　　**E-mail**：qxcbs@cma.gov.cn
责任编辑：黄海燕　　**终　　审**：吴晓鹏
责任校对：张硕杰　　**责任技编**：赵相宁
封面设计：地大彩印设计中心
印　　刷：三河市君旺印务有限公司
开　　本：710 mm×1000 mm　1/16　　**印　　张**：9
字　　数：162千字
版　　次：2022年7月第1版　　**印　　次**：2022年7月第1次印刷
定　　价：48.00元

本书如存在文字不清、漏印以及缺页、倒页、脱页等，请与本社发行部联系调换。

本书编委会

主　　　编：于新文

副　主　编：周韶雄　张　力

研究组成员（按姓氏笔画排序）：

王志华　王德鸿　白　海　关福来　何　桢
张长安　张彦平　张洪广　苗长明　胡　博
费海燕　郭转转　郭彩丽　曹晓钟　韩　锦
喻迎春　曾　沁　廖　军

工作组成员（按姓氏笔画排序）：

王　媛　方　勇　刘可东　李　栋　李晓露
胡　赫　桑瑞星

序

《形势与对策——2021年全国气象优秀调研成果选》与大家见面了。该书辑录了18篇优秀调研报告，它们是从各单位推荐的122篇调研报告中评选出来的，具有较强的代表性和研究价值。

我从这次评选反馈的情况中了解到，调研工作较往年出现了可喜的变化：

一是领导干部更加主动深入一线开展调查研究。各级领导干部认真落实习近平总书记强调的“调查研究是谋事之基、成事之道”，把调查研究作为密切联系群众的重要途径。很多单位的主要负责人带头深入基层搞调研，领导班子成员结合分管的领域、联系的单位，每人确定1～2个重点调研课题。在调查研究中，注重掌握气象改革发展中的瓶颈和障碍，注重了解干部职工日常工作中遇到的问题或好的经验做法，总结工作经验教训，帮助基层研究解决了实际问题。

二是调查研究的选题更加务实。各单位根据年度气象工作政策调研选题指南，拟定调研计划，突出重点。调研既紧紧围绕中国气象局党组的安排部署，又紧密结合本地区本单位的工作实际，瞄准构建科技领先、监测精密、预报精准、服务精细、人民满意的现代气象体系，把工作中带有的全局性、战略性和典型性问题，所辖单位存在的工作重点、难点问题，干部群众关注的热点、焦点问题作为调研的重点，提高了调研的针对性。

三是更加注重调查研究的广度和深度。调研所涉及的区域既有全国范围的，也有省市的，既有气象高质量发展的大视野，也有预报员能力素质的聚焦，调研题目涉及人才队伍建设、党建与业务融合、专业服务发展等多角度。在调查研究中，注重管理机构和基层台站相结合、部门内和部门外相结合等方式，信息更加全面，增加了调查研究的广度。注重典型调查与抽样调查相结合、定性分析与定量分析相结合、实用性研究与理论性研究相结合，增强了调查研究的深度，调查研究的质量明显提高。

“察消长之往来，辨利害于疑似”，大兴调研之风，要注重调研实效、求取价值增量。调查研究的根本目的是分析和解决问题，我们不但要搞好调查研究，还要注重调研成果的转化。不能把调查研究做成一项表面工作、当作一种考核绩效，不能认为只要写好了一个调研报告或向领导作了汇报，就算大功告成完成了任务，不能把那些有价值的调研成果束之高阁、自生自灭。要注重发挥调查研究效益的溢出效应。气象部门一个突出的特点就是各级气象部门在组织运行上具有很大的相似性。同时，各地又有不同的创新实践。因此，一些调研成果的分享既集约又实用，十分必要。这也是编辑出版本书的初衷，希望将它作为一个交流的平台，开展调研方法的交流、调研成果的交流和各领域信息的交流，供各相关单位、人员参考借鉴。

于新文

2022 年 6 月

目　录

促进和规范气象产业发展调研报告

廖　军　林　霖　李　欣　王　妍

（中国气象局气象发展与规划院）

为深入分析全国气象产业发展现状、存在的问题，提出促进和规范气象产业发展的对策和建议。

一、国外有关情况

迄今各国及 WMO 对气象产业的概念和范围没有统一的看法及界定。目前仅韩国对其进行定义，即气象产业是生产或提供气象相关产品或服务的产业。此外，在 WMO 术语库中查询不到气象产业。正因如此，目前国际上就没有较为一致的气象产业统计指标体系，无法进行横向比较，但是我们仍可从部分产业预测分析数据窥见气象产业快速发展的态势。

（一）发展概况

韩国气象厅曾经估测，2020 年全球气象产业市场规模 224.9 亿美元，年增长率 6.98%。多份商业咨询报告指出，亚太是目前和未来增长较快的区域，而且均看好中国气象市场。

1. 美国

美国气象商业化程度最高。商业气象服务由私营气象公司提供，美国国家天气局不提供商业气象服务。美国国家天气局的研究报告显示，美国 2017 年私营气象产业市值预计 90 亿美元，私营气象产业年收入 20 亿～40 亿美元，发展出 Accuweather、The Weahther Company 等著名的气象服务企业，而且越来越多的大型科技企业涉足天气预报业务，每年还催生了许多专注天气业务的初创企业。

2. 英国

英国的商业气象服务由英国气象局和私营气象公司共同提供。目前，英国气象局商业气象服务占整个英国气象服务市场的70%。2017/2018财年英国气象局总收入为2.299亿英镑，营业利润为2030万英镑，绝大部分收入来自公共部门。跨国私营气象公司MeteoGroup在英国运营，为多个行业提供解决方案，其营业收入约为1500万英镑。

3. 日本和韩国

日本、韩国商业气象服务与美国类似，但在监管方面比美国严格。日本规定，私营公司必须获得许可方可开展气象预报服务，仪器装备必须获得认证方可列装。当前，日本有83家私营公司获得许可，登记在册气象预报人员10953人。WNI起家于日本，发展成一家跨国公司，目前全球员工1101人，销售额188.43亿日元。韩国规定，任何拟从事气象预报业务、气象评估业务、气象咨询业务或气象设备业务的机构和个人，应具备总统令规定的人力资源和设施，并向韩国气象厅提交登记声明。目前，韩国气象产业规模4000亿韩元，气象企业630家，主要从事仪器装备相关服务、制造与销售。

（二）值得关注的做法

尽管国外气象产业发展环境、政策、体制各不相同，但一些促进和规范产业发展的做法值得学习借鉴。

1. 出台相关法律法规，规范公私职责边界

相对成熟完善的法律法规明确气象主管部门和私营公司的职责边界。日本《气象业务法》规定气象服务基本制度，明确观测、预报和预警、信息发布、验证等各环节政府和相关主体行为边界。韩国《气象产业促进法》明确气象产业发展的定义、条件和程序，规定支持和培育气象产业的事项。英美也有相关上位法对气象领域公私职责进行诠释，都为促进气象产业发展提供法律保障。

2. 内设管理协调机构，成立支持服务中心

部分国家气象部门设有管理协调机构和支持服务中心。日本气象厅内设产业气象课，负责对私营气象公司的管理，还设立气象产业支持中心，并组建天气企业联合体。韩国气象厅有综合事务部门，并设立气象产业振兴院。美国国家天气局针对气象服务市场设立了相关管理协调机构，英国气象局虽然没有单设此类机构，但也设置了专业气象服务部门承担协调和支持服务的职能。

3. 规范市场管理行为，培育从业自律意识

主要国家气象部门都有私营气象服务的管理规则与标准规范，不同的是市

场管理方式。日本严格公司准入许可、从业人员资质、仪器装备认证管理，出台《气象业务法实施办法》《气象业务法实施细则》《气象观测仪器检定规定》《气象观测仪器委托检定规定》，并制定一批强制性标准。同时，配套相应的评估、检验、鉴定等管理细则。美英则是通过美国气象学会、英国皇家气象学会对从事公共气象政策咨询、气象信息播报人员开展资质认定，加强行业自律建设。

4. 营造公平竞争环境，支持产业发展壮大

营造公平、开放、透明的市场环境，促进公共私营参与。当前，气象数据政策备受关注。美国国家天气局数据对全社会开放共享。英国气象局为体现公平竞争，其商业产业部使用气象局资料也要付费，并列入服务成本。日本气象厅通过气象产业支持中心向社会各界提供数据，并积极促进私营公司对气象数据的使用，提高气象在日本经济社会的生产力。韩国《气象产业促进法》，明确韩国气象厅制定和实施气象产业发展总体规划，内容包括研发实施、政府援助和投资、培育专家，并促进气象产业全球化。

二、国内基本情况

据企查查数据显示，截至2020年，我国气象相关的在业、存续企业约1.1万家。气象部门统计的企业913家，资产总额83.81亿元，实现营业收入45.36亿元，净利润4.89亿元，吸纳就业1万余人。下面，我们从气象仪器装备、气象信息服务、防雷服务、气象软件及平台集成4个领域对气象产业进行梳理。

（一）气象仪器装备

社会企业和部门企业共同参与竞争。根据《中国气象服务产业发展报告(2015)》测算，2020年全国气象仪器装备市场规模326.90亿元。气象部门统计的企业23家，吸纳就业629人。实现收入7.98亿元，企业净利润8639.31万元。目前，中国气象局出台《气象专用技术装备使用许可管理办法》，公布《气象专用技术装备使用许可证名录》，制定《气象专用技术装备使用审批事项服务指南》《气象专用技术装备功能规格需求书编写规则》等行业标准，经中国气象局行政审批平台进行审批。

（二）气象信息服务

社会企业和部门企事业单位共同参与竞争。根据36氪相关报道，2020年我国气象信息服务市场规模420亿元。气象部门统计的企业324家，吸纳就业

2721人，实现收入13.89亿元，企业净利润1.35亿元。目前，中国气象局出台《气象信息服务管理办法》《气象预报发布与传播管理办法》《气候可行性论证管理办法》。制定《气象信息服务质量评价管理办法》《气象信息服务单位信用管理办法》《气象信息服务单位备案规范》《气象信息服务监督检查规范》《气象信息服务投诉处理规范》《气象信息服务单位运行记录规范》等一系列标准规范。

（三）防雷服务

社会企业和部门企事业单位共同参与竞争。根据观研天下预计，2020年全国防雷服务市场规模近467.54亿元。气象部门统计的企业393家，吸纳就业4765人，实现收入11.95亿元。防雷方面的法规标准较为齐备。国务院印发《关于优化建设工程防雷许可的决定》，中国气象局出台《防雷减灾管理办法》。操作层面，气象部门建有全国防雷减灾综合管理服务平台，实施《雷电防护装置检测资质管理办法》《雷电防护装置设计审核和竣工验收规定》，依据国家有关政策规定和《中国气象服务协会防雷企业能力评价管理办法（试行）》开展防雷企业能力评价，制定有《防雷工程专业设计方案编制导则》等标准。

（四）气象软件及平台集成

气象软件及平台集成以社会企业为主，但缺少相应的统计数据，无法对此进行分析。目前，气象部门统计的企业41家，吸纳就业700人，实现收入4.77亿元，企业净利润5482.25万元。管理上，中国气象局1995年颁布了《气象软件工程规范（试行）》。河北省气象局2009年发布了《关于加强气象业务软件开发规范化管理的通知》。

三、国内存在的问题

（一）认识问题

一是对气象产业发展的重要性认识不够。现阶段仅靠气象部门提供气象产品和服务，已无法满足人民对美好生活的需要，亟须从气象高质量发展和气象强国建设角度全局认识气象产业发展的重要性。二是对促进国家气象产业发展的认识不统一。没有行业管理的意识与自觉，一定程度上害怕发展气象产业，认为产业发展会制约事业发展，冲击事业属性，将事业和产业视为零和博弈。三是对发展部门气象产业的认识不统一。对部门气象产业发展作用和价值认识不清晰，仅将其作为事业发展的工具，用于弥补事业经费缺口的手段。

（二）政策问题

一是产业引导政策缺失，缺少综合性政策性文件和气象产业发展规划，产业发展方向、重点领域不清晰。缺乏科学的气象产业指导目录。二是法律法规亟须完善，仅在《中华人民共和国气象法》（简称《气象法》）中提及“发展气象信息产业”，相应条例涉及产业内容较为薄弱。部门规章不健全。三是相关标准缺失，标准“硬约束”作用不足，产业相关数据、技术、产品和服务标准缺失。通过标准来加强市场监管的办法不多。四是国家产业扶持政策应用不够。政策研究不够。缺乏手段引导企业接引国家产业政策，争取国家和外部门的支持不够。

（三）能力问题

一是管理职能不明确。仪器装备、信息服务、防雷服务、软件及平台集成相关业务分别归口到观测、减灾、法规、预报等不同内设机构，社会管理职能长期缺位。二是事前准入许可缺失。气象专用技术装备使用许可仅满足气象业务需要，但非市场主体资质管理要求。气象信息服务机构和人员缺乏类似于日韩的准入许可。三是事中事后监管创新不够。监管方式创新研究不够，未建立事中事后监管目录、流程和标准。信用评价和失信“黑名单”制度缺失。联合监管机制有待完善，未形成多部门联合监管执法的长效机制。服务协会的行业自律和产业促进作用不明显。四是气象产业综合监管能力弱。各领域相对割裂，内外监管平台与力量都有待整合，监管队伍专业化水平不高。监管手段单一，利用大数据、第三方机构开展市场监管能力不足。

（四）支撑服务问题

一是数据与产品支撑无序。向社会各界提供数据、产品等服务出口多且无序，缺乏类似日本气象产业支持中心的统一支撑机构。二是产业底数不清。未规范产业统计范围和口径，与统计、工商、税务等拥有大量经济数据部门合作不紧密，且部门统计不连贯，缺乏统一的产业统计报告制度。三是示范引领能力弱。产业分散发展特征明显，产业园示范带动作用不强。部门培育规模以上企业能力不足，市场竞争力有限，引导企业“走出去”参与国家重大战略的渠道少。四是科技创新支持不足。没有将企业纳入国家气象科技创新体系进行考虑。给予企业科技研发、成果转化、推广应用的支持少，产学研科创机制并不通畅。

（五）部门产业问题

一是管理和保障不足。缺乏部门产业发展主管职能机构，顶层设计和规划不够，政策和保障机制尚未健全。二是部门内部竞争无序。纵向联动不足，部门内部不同服务主体之间恶性竞争频发。横向协同不畅，各单位之间的分工不明确，存在重复、低效、无序发展等问题。事企分工不明，国有企业和事业单位的定位不清晰。三是企业核心竞争力不强。整体规模小、产业集中度低，经营同质化、替代性强，产品与服务布局集中于产业中低端，核心竞争力不强。现代企业制度不健全。尚未建立以“管资本”为主的国有资产监管体制。四是事业单位活力不足。利益分配机制、激励机制、管理考核机制等不健全，发展活力和积极性难以有效激发。

四、对策建议

（一）增强气象产业发展重要性认识

第一，发展气象产业是保障和改善民生的迫切需要。能够扩大和改善面向“四生”的气象供给，更好满足人民群众对美好生活向往的需要。第二，发展气象产业是培育新的经济增长点的重要内容。有利于调整优化产业结构，催生新业态，形成新经济增长点，支撑和保障现代经济体系建设，助力“双循环”构建。第三，发展气象产业是提升我国气象核心竞争力、加快建成气象强国的重要途径。将激发各类创新主体动力和活力，带动自主创新和技术进步，提升我国气象国际核心竞争力，加快气象强国建设进程。第四，发展气象产业是推动气象事业高质量发展的重要手段。加强气象事业和产业协同，提升气象现代化水平，推动高质量发展。

（二）建立健全气象产业制度体系

一是出台产业发展引导性政策文件。研究制定气象产业发展规划。研究制定气象产业分类指导目录，适时修订《国民经济行业分类》《产业结构调整指导目录》中的气象产业类别。二是建立健全气象产业相关法律法规。修订《气象法》和相关部门规章，增强部门规章的可操作性。划清气象领域主体行为边界，明确界定限制性和禁止性事项。三是构建气象产业标准体系。增强标准约束力。研究制定气象产业标准体系，加快制定仪器装备、信息服务、防雷等领域数据、产品、技术、服务和监管标准，引导龙头企业牵头标准制定。四是用好现有国家产业扶持政策。研究分析国家扶持产业发展政策文件，争取财税等政策在气象产业中的落地。对接国家和外部门产业发展基金，引导推荐企业申请申报。

（三）建立健全气象产业监管体系

一是明确管理机构和职能。建议法规司管理产业发展综合政策及归口防雷市场监管，减灾司归口信息服务市场监管，观测司归口仪器装备市场监管，预报司归口软件及平台集成产业市场监管。二是分类探索建立市场准入机制。研究社会化预报员从业人员资格管理和市场主体资质管理可行性。制定面向各部门各领域的气象专用技术装备使用许可，统一技术标准。三是强化事中事后监管创新。综合制定气象产业监管目录，分类细化监管流程。推行信用分级分类监管，建立气象产业信用评价体系和失信行为“黑名单”制度，搭建信用信息平台，完善信用评价奖惩机制。推进跨区域、层级、部门的协同监管。健全社会公众监督渠道，促进服务协会发挥行业自律作用。四是提升产业综合管理水平。整合监管力量、合理配置管理资源，提高监管队伍专业化水平。应用新技术创新监管方式、降低监管成本，搭建统一的气象市场监管平台，构建高效协同的综合监管体系。

（四）建立健全气象产业支撑体系

一是加强数据和产品支撑。在国、省两级建设气象产业支持中心，向社会各界提供数据和产品，以及与新数据、新技术、政策、资质资格相关培训。建立气象部门与各类主体互动机制，打造面向全社会的气象产业支撑平台和众创平台。二是建立统一的产业统计报告制度。建立气象产业单位名录库，定期开展产业现状调查，摸清需求潜力，分析发展方向，发布产业发展报告。三是增强产业示范能力。加快建设中国气象科技产业园、中国气象谷。培育规模以上企业，引导企业“走出去”。四是加大科技创新支持力度。将企业作为重要力量纳入国家气象科技创新体系，探索建立气象产业科技创新专项。建立健全“政产学研用”协同创新机制。

（五）加快推动气象部门产业发展

一是加强部门产业发展管理。明确计财司作为部门产业管理主管机构。制定出台气象部门产业发展指导意见。建立产业发展情况评价和考核机制。二是做优做大做强气象部门企业。研究和制定国有气象企业发展方向、目标和策略。

开展国有企业改革，落实现代企业制度，建设国有资本运营管理平台，探索以“管资本”为主的运营模式，建设国有资本运营管理平台。三是激发事业单位发展活力。鼓励具备条件的二类气象事业单位参与和主业相关的市场竞争。建议人事司、计财司研究制定事业单位气象科技服务分配激励机制，对参与市场化服务并取得良好经营业绩的事业编制人员，加大绩效工资激励力度。四是规范气象部门产业发展秩序。厘清事业单位与企业参与市场竞争的边界，搭建全国气象部门产业资源共享合作平台和监督管理平台，探索建立合作备案公示制度、商务谈判保护期机制以及不同市场主体的利益分享机制。

关于各部门气象服务需求调查的分析报告

王志华　张　迪　路秀娟

（中国气象局应急减灾与公共服务司）

为深入贯彻落实习近平总书记对气象工作的重要指示精神，坚持需求牵引，更好地推动气象服务供给侧结构性改革，提升气象工作服务生命安全、生产发展、生活富裕、生态良好的质量和效益，发挥气象防灾减灾第一道防线作用，按照局领导指示要求，2021 年 1 月，应急减灾与公共服务司（简称“减灾司”）组织面向相关部委和部分中央企业开展了气象服务需求调查，掌握了各部门气象服务需求，深入分析了气象服务中存在的问题，厘清各部门对提升气象服务质量的建议，并对进一步提升气象服务水平提出了建议。

一、气象服务需求调查的基本情况

（一）调查对象

2021 年 1 月 8 日，减灾司制订了《气象服务需求调查表》，致函商请 30 个部委和中央企业反馈气象服务需求，包括国家发改委、教育部、工业和信息化部、公安部、自然资源部、生态环境部、住房和城乡建设部、交通运输部、水利部、农业农村部、商务部、文化和旅游部、国家卫健委、应急管理部、国资委、广电总局、银保监会、国家粮食和物资储备局、国家能源局、国家林草局、国家铁路局、中国民航局、中国红十字会总会、武警部队、供销合作总社、国铁集团、国家电网公司、南方电网公司、三峡集团、人保集团，皆为气象灾害预警服务部际联络员会议制度成员单位。

（二）调查内容

调查内容包括气象服务需求、气象服务应用情况及存在的主要问题，以及下一步深化合作的建议等三个方面。

(三)调查反馈情况

商务部、文化和旅游部、国资委、国家粮食和物资储备局、供销合作总社5个单位表示目前的气象服务已经满足需求,无新的气象服务需求,其余的25个部门反馈了气象服务需求调查表,列出了气象服务需求清单和相关意见建议。在工业和信息化部的气象服务需求反馈中,还包括了中国电信、中国联通、中国移动和中国铁塔等4个电信企业气象服务需求。

二、调查反馈的气象服务需求分析

通过对29份气象服务需求调查表的分析发现,各部委和企业对气象服务产品需求主要分三类,包括气象监测预报预警产品、面向行业影响的气象服务产品以及气象观测和数值预报等数据资料。从发展趋势看,气象服务需求已经从以我为主的普适版决策服务材料提供向以用户需求为中心定时定点定量的气象信息服务发展,产品的内涵从提供气象监测预报预警向提供面向行业影响的气象服务发展,产品的预报时效朝"两个极端"发展,即更加关注短时临近和气候尺度预报,产品的范围也从国内向国际拓展,产品的形式也从文字图片分析材料向数字化产品集成应用发展。

(一)气象监测预报预警产品需求

约2/3的单位提出对天气实况、预报、预警、预测等气象服务产品的需求。例如,国家发改委提出需要全国和分区域(华北、华东、华南、华中、西北、西南、东北)11月1日至次年3月15日寒潮、雨雪冰冻等恶劣天气的预警信息,6月1日至10月1日高温、台风和汛期强降水的预警信息;工业和信息化部需要县级以上天气实况和72小时内天气预报及气象预警信息。住房和城乡建设部提出对短时强降雨、持续性暴雨等气象灾害预警信息以及关于雨情汛情的中长期气候形势分析的需求,用于指导城市排水防涝以及震后救援工作。水利部需要不同时间尺度的降水预报,包括短临、短期、中期的高精度降水预报,以及月、季、年际尺度的降水趋势预报,用于开展水情旱情监测预报预警工作。农业农村部、国家林草局、国家电网公司、南方电网公司提出对月、季气候趋势预测的需求,用于指导农业生产、有害生物防治以及保障电网安全运行、电力有序供应、清洁能源发电等;国家卫健委关注暴雨、台风、洪涝、雨雪冰冻等气象灾害预警信息以及地震等自然灾害发生地区的气象变化实时监测信息。广电总局根据全国范围内台风、暴雨、雷电、大风、暴雪等红色等级气象灾害预警，保障广播电视信号安全传输、覆盖。应急管理部需要气象灾害预警服务快报、两办刊物信息、月/季/年气候预测和评估等常规决策服务产品及灾害性天气预测预报及过程总结。国家能源局提出对强对流、台风、低温寒潮、高温热浪预警气象信息的需求，用以保障电力系统运行安全。国家铁路局、国铁集团提出风、雨、雪、雾、雷电实况监测和天气预警产品需求，保障铁路运输安全。交通运输部需要降水、能见度等实时信息、大雾等低能见度天气的精细化短临预报预警产品。红十字会总会需要气象预警信息。武警部队需要精细化气象预报预警信息。

（二）提供面向行业影响的气象服务需求

约有一半的单位提出面向本行业影响的气象服务产品的需求。

1. 对特定区域、特定时段、特定领域气象服务产品的需求

国家发改委主要关注特定区域和重要时段的气象预报预警服务，提出了国内外冬季天气预报预警信息需求，以及“两会”、春节、国庆等重要时间节点天气预报预警信息。同时，还关注旅游、交通气象服务产品以及沿海可能对正常船舶接卸和通航行驶带来较大影响的气象预警信息和对川藏铁路建设各工点气象及其可能诱发的地质灾害监测和预警产品。教育部关注每年大规模教育考试的组考及考试期间具体到县级的预报信息，以保障试卷运送、考点组考、考生出行、外语听力考试等。公安部关注重要时段、特定区域的气象服务产品，重大活动期间安保工作对气象服务需求较高，需要掌握逐时常规气象预报，长江干线水位、高温、雨雪等恶劣天气预警及未来三天的天气预报及恶劣天气的影响，并关注公路交通气象风险普查结果、恶劣天气影响道路路线（路段）预报和影响分析，铁路沿线恶劣天气预报尤其是郊区和山区的强降雨、洪涝等预报，用于交通安全管理、维护铁路治安、监管所安全管理工作。生态环境部希望在全国环境空气质量预报会商和重大活动空气质量保障方面，提供全国及重点区域气象预报服务；在空气重污染过程回顾性分析方面，提供全国、重点区域和重点城市的气象资料等。交通运输部主要关注特定区域和交通领域气象服务，包括沿海港口大风、能见度、潮汐、雨雪等气象预报预警信息、海上气象灾害预警信息和琼州海峡、舟山群岛、渤海湾客船、客滚船航线风、能见度气象预报信息，以及长江、珠江、黑龙江、黄河等内河水域天气预警、日常全国范围及恶劣天气或特殊时段局地公路交通气象预报预警。住房和城乡建设部关注北方采暖前气候形势、供暖季每周温度预报和寒潮、低温重大气象预警，指导供热企业及时调整供热参数，也关注灾害

性地震发生后，震区气象灾害预警监测和信息发布。农业农村部需要主产区重要农时期间，不利于农业生产和农机作业的灾害性天气预报预警产品。应急管理部提出对汛期、节假日、重大活动等关键时期的气象实况及预测预报、灾害性天气预报及过程总结，以及地质灾害易发区等重点地区气象服务的需求。国家林草局关注农业气象预测服务产品，以及草原重大工程、重大政策实施区的气象监测信息服务，迁飞性有害生物应急处置期间的边境地区气象信息服务、准确研判态势。

2. 对影响评估分析产品的需求

部分单位提出了影响评估分析的气象服务需求：国家发改委希望得到定期和不定期的国内、国际粮食等主要农作物生产形势分析，以及京津冀地区气候变化规律、400 毫米等降水线变化规律、黄河流域气候变化规律、月度黄河流域气象条件等农业气象服务和气候服务方面的研究分析报告等产品；国家林草局希望提供全国及省级的阶段性天气状况总结、固定时段气象条件分析及气象条件对牧草返青长势的影响评价、未来返青形势预测、气象灾害对草原植被生长的影响分析、草原地区全年气象条件综合评价等；武警部队提出气象海洋数据对任务的不利影响分析需求，为首长指挥决策和部队遂行任务提供辅助支持。

3. 对定量化气象服务产品的需求

也有部分单位根据气象灾害可能造成风险的阈值，提出了量化的气象服务需求，如交通运输部希望提前 48 小时获取长江流域大风 5 级及以上和渤海湾主要港口大风 8 级及以上的天气信息，以及雾、霾导致能见度低于 1000 米的天气信息；为保障电力系统运行稳定，国家能源局需要详细的 0℃分布线范围、夏季 32℃高温分布线范围、精准、实时的台风路径及 8 级风圈范围。

（三）气象观测和数值预报数据需求

为了利用气象数据资料做进一步数据融合分析及显示应用，部分单位提出了对数据资料的需求。例如，自然资源部提出格点雨量预报数据、沿海省市气象站及海上浮标观测数据，以及国内外地面、高空、海洋气象资料、卫星资料及国内外数值预报产品等需求，用于地质灾害气象风险预警和海洋灾害防治工作；工业和信息化部提出提供实时、准确、稳定的气象数据接口服务，以此提升国家应急通信保障能力；国家林草局希望得到历年气象观测站监测数据及县级区域的年和月平均温度、降水、最高温度、最低温度等数据资料；民航局希望及时获取国内外地面和高空气象资料以及卫星、雷达探测资料等；银保监会、人保集团希望增加历史气象数据的查询和使用功能；国家电网公司提出气象观测数据需求；武警部队提出根据部队遂行任务实际，定制推送各类极端气象海洋数据，并可实现与基础数据的叠加显示。

三、调查反馈的合作建议

（一）加强会商研判和数据共享

工业和信息化部、自然资源部、生态环境部、住房和城乡建设部、交通运输部、水利部、农业农村部、应急管理部、国家林草局、银保监会、民航局、国家铁路局、国铁集团、国家电网公司、武警部队等建议加强数据共享，促进行业与气象数据的融合发展，提供气象监测、预报预警信息以及精细化、多样化、专业化气象服务产品。国家发改委建议将不定期约请中国气象局对国内、国际粮食等主要农作物生产形势进行分析研判，形成相关服务产品，视情况参加中国气象局组织的国内粮食等主要农作物生产形势综合分析会或会商会。

（二）建立长效合作机制

国家发改委建议区分政府部门、市场主体、社会公众等不同对象，定期对所开展的气象服务实施成效、存在问题等进行梳理总结；教育部建议与教育部考试中心建立更为固定、长效、及时、通畅的工作机制，同时建议各地气象部门及时向教育部门提供恶劣天气预警提示，以便教育部门及时作出相应安排，及时做好师生安全和学校防灾减灾工作；国家能源局建议气象部门定期组织与各部门、各行业开展座谈交流，深入研究各行业防灾减灾救灾中的气象服务需求，更好地发挥气象服务行业发展中的作用。

（三）强化发布渠道，提升产品的专业化水平

公安部铁路公安局希望中国气象局设计一款覆盖全国铁路范围的气象服务产品，能够对铁路沿线发生暴风、雨、雪、雾等恶劣天气进行预知预警；国家能源局提到固化气象信息发布渠道，建立气象服务反馈机制；民航局提到改进服务产品获取手段；农业农村部建议探索基于位置的气象预警预报信息服务实现方式；应急管理部建议开放特定范围、特定时段气象要素自定义查询功能；武警部队建议有针对性加强重大活动安保和重大灾害救援任务气象监测预警推送。

（四）联合开展科研攻关和试点

生态环境部建议针对“十四五”细颗粒物和臭氧协同控制工作，联合开展科研合作攻关；公安部建议进一步推动恶劣天气交通应急处置试点成功经验，联合开展交通气象预警处置效益评估；农业农村部建议拓宽创新气象与渔业合作研究领域。

（五）共同研究气象服务产品

有4个单位提出了联合开展气象预报预测预警和相关性研究。应急管理部提出联合开展每日/周/月草原火险天气预报和灾害预警工作；国家林草局提出共同开展林业有害生物发生趋势预测；银保监会和人保集团提出联合开展气象数据与灾害损失相关性研究。

四、调查反馈的主要问题

（一）气象服务产品不能满足需求

随着社会经济的发展，各行各业对气象服务的需求提出了更高要求。一是气象预报服务产品精准度不能满足需求。例如，交通运输部、水利部、住房和城乡建设部、能源局、国铁集团等都提出了对预报产品精准度的要求；水利部认为目前气象服务的精度还不够，不能提供高时空分辨率的网格化降水产品，尚不能完全满足洪水预报的需求。二是气象服务产品时效性有待提高。国家发改委认为重大突发性事件发生后相关气象服务支撑不够，短平快的第一时间服务信息缺乏。国家铁路局次日才能收到通过交换途径获取的《重大气象信息专报》。三是气象服务产品的针对性不强。公安部认为一般渠道不能获得如长江干线、道路沿线的预报；国家能源局认为气象服务与电力行业结合得还不够紧密；武警部队认为气象信息数据与遂行任务结合不够紧密，主要体现在气象预警等级设置还不够科学，尚未实现定制化的数据推送和多元化辅助决策。

（二）数据共享不充分

工业和信息化部从中国气象局获取的文本类信息，难以进行数据化加工、分析和研判，为保障部里的应急通信保障系统，通过气象服务网站获取天气信息，无法满足信息的及时性和准确度。住房和城乡建设部提出部分地方反映海绵城市建设、城市排水防洪规划设计所需的历史分钟降雨数据获取难。自然资源部提出山地丘陵区局地强降雨的预报和实时监测数据较少，国际公开站共享站数少。银保监会认为缺少历史多年气象数据，引入成本过高。民航局认为产品资料共享程度不高。

（三）信息发布存在交叉

生态环境部提出空气质量预报信息发布、酸雨监测和信息发布等方面，存在一定交叉重复。

五、思考与建议

面向相关部委和部分中央企业开展气象服务需求调查，对我们科学谋划气象事业发展，推进气象服务供给侧结构性改革，促进与相关部门沟通合作具有重要意义。因此，提出如下建议：

建立气象服务评估反馈机制。充分利用气象灾害预警服务部际联络员会议平台，及时向各部门通报年度气象服务台账完成情况，促进各部门对气象服务工作的理解和支持，同时也有助于进一步提升气象服务质量。

推动气象服务需求调查业务化发展。建议设立专门业务机构承担气象服务需求调查工作，常态化、业务化开展气象服务需求调查与分析，不断提高气象服务需求调查的科学性和规范性，及时准确把握用户需求，定期反馈气象服务单位，提高气象服务针对性，更好促进气象服务高质量发展。

推动部委气象服务集约发展。系统梳理各单位面向部委的气象服务清单，优化面向部委气象服务业务布局，避免重复开展服务。

优化健全气象服务保障机制。深化部委合作，针对需要新研发的气象服务系统和产品，推动建立联合研发和购买气象服务机制，为气象服务发展争取更多支持。

山西省气象部门省市县三级党建与业务融合案例研究

胡　博　申顺吏

（山西省气象局）

气象部门近几年在党建与业务深度融合上开展了一系列工作，中国气象局出台了《进一步推进新形势下党建和业务深度融合的若干措施》，山西省气象局也制定了《关于进一步推进新形势下“五型机关”创建促进党建和业务深度融合的实施意见》，经申报、推荐、审核，从省市县三级气象部门中选取了28个示范创建单位进行党建与业务深度融合试点，积累了一些经验。通过全面分析党建与业务深入融合示范创建案例，结合问卷调查，总结归纳山西省气象部门省市县三级党建与业务融合的规律性认识，进而深入探索省市县三级气象部门党建与业务深度融合的方法与途径，为进一步提高党建工作围绕中心、服务大局的效能提供参考建议。

一、28个示范创建单位党建与业务深度融合案例的总体分析

2020年起，山西省气象部门开展了党建与业务深度融合示范创建工作，在省市县选出了28个党建与业务深度融合创建单位示范点，并对他们的创建成果进行了展示。我们对这些案例进行了汇总分析，主要归纳为以下三个方面。

（一）创新发展了与业务深度融合的党建工作模式

省局科技与预报处“3＋3”模式助推党建与业务共融共赢；阳泉局“1＋5”市县一体化党建工作模式推动了基层党建工作高质量发展；太原局通过“党建＋”模式实现了业务、项目、创新、新媒体、文化与党建同步一体促发展；忻州局提出的“一创二提三抓四融合”模式提升了党员示范带动能力和工作担当执行能力，强化了规范管理与责任意识，促进了工作作风转变；临汾局“党建＋文明创建”模式成为成功创建全国文明单位的有力抓手；晋中局市县两级联动开展主题党日活

动并形成常态化机制，推进市县党建工作一体化；运城局在主题党日活动中严格执行“6＋N”程序，有力促进了党建和业务工作的深度融合；临汾市侯马局“人才融合、形式融合、制度融合、业务融合”的具体措施使“党建＋X”工作机制体现得更加具体；吕梁市中阳局创建了党建与业务“一承诺二考核三落实”工作法，提高了党建促业务、保落实的效能；朔州市平鲁区局精心实施“党员＋业务骨干”双向培养工程，形成党支部引领“机关、党员、职工”的“三引领”良好格局。

（二）有效发挥了党建品牌创建的影响力

省气象台通过打造“精准智星护航三晋”党建品牌，进一步激发内生动力，提高工作效率；晋城局“心气象”党建品牌把思想理论武装、气象业务服务和党员先锋模范有机融合，富有新意；太原市清徐局“气韵初心”党建品牌着力构建党支部和气象业务服务有机结合的长效机制；阳泉市盂县局充分发挥“党建促发展气象知冷暖”的党建品牌影响力，以品牌促服务、以服务促发展；大同市天镇局“党建新时代、情暖天镇人”党建品牌，开展党员承诺践诺和党支部评星活动，提升了气象服务的社会认可度。

（三）进一步提高了基层党组织标准化规范化建设水平

朔州局制定“创建四强党支部”考核评分标准，深入推进基层党组织规范化建设；阳泉局“六有标准”党员活动中心成为党建阵地建设模板，科普馆、荣誉室、群团活动室等阵地打造出浓厚的气象文化氛围；长治局的“党组织标准化规范化建设”在完善组织体系、规范组织生活、整合活动场所、健全台账档案等方面成效显著；忻州局“三比三亮一提升”活动强化了党性意识和身份意识；大同市阳高局《党支部规范化建设手册》规范了班子建设、制度建设、阵地建设、日常工作、活动组织五大类建设标准；忻州市神池局党建工作台账分级分类、层次清晰，方便查看和日常管理。

二、山西省气象部门党建与业务深度融合现状及存在的不足

为进一步全面探析山西省市县三级气象部门党建与业务的融合现状，我们开展了专题调研。本次调研利用微信调研问卷小程序，采取无记名调研方式，共收回调查问卷1402份，（约占全省在职职工的80％），其中省级240份（约占省级在职职工总数60％）、市级399份（约占市级在职职工总数80％）、县级763份（约占县级在职职工总数95％），其中科级以上干部约占40％，非党员约占

30%,调研结果体现了广泛性和代表性。

经统计,调研对象中对党建工作了解的约占92%,认同党建与业务目标一致、相互促进的约占98%,认为本单位党建与业务融合成效能达到8分以上(满分10分)的约占78%,有党建业务融合品牌项目的约占65%,认为本单位党建与业务能够做到同谋划、同部署、同推进的占93%,但做到同考核的稍低,约为83%。

经统计,调研对象中有约20%的人认为业务工作是主业、党建是副业的现象普遍存在,约35%的人认为党建工作浮于表面、实际成效低,约90%的人认为需要增加党建在考核中的比重(具体比重见图1)。在党建与业务融合不够的原因分析上,选择最多的是"找不到党建与业务融合抓手",约占69%;其次是"习惯于传统工作模式,不习惯党建与业务'四同步'",约占66%;再次是"认识不到位,党建不受重视,缺乏高位推动",约占54%。

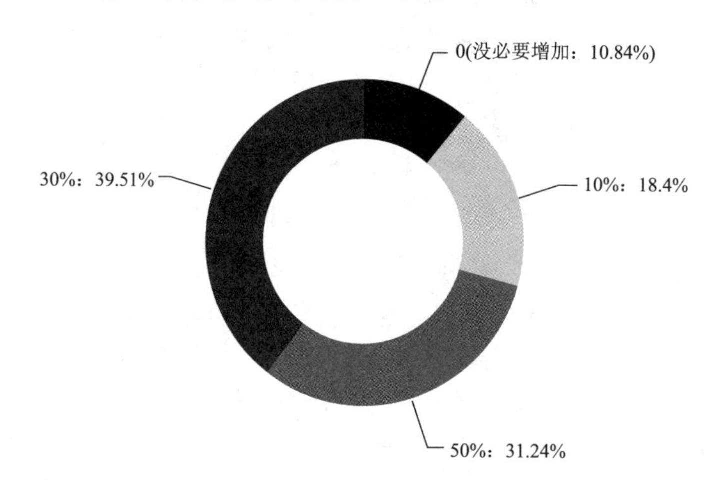

图1　增加党建在考核中的比例调研结果
(注:左侧百分数为党建在考核中可增加的比例,右侧百分数为选择该项的人数占比)

在党建与业务深度融合举措的建议分析上,选择最多的是"高层领导重视,党建融入发展战略决策",约占91%;其次是"提升党支部组织力,主动融入业务工作",约占90%;再次是"激发党员先进性,凝聚和带动干部员工攻坚克难",约占89%(详细分析见图2)。

通过对调研结果的分析,可以看出,近年来山西省气象部门通过大力抓党建与业务融合工作,已经取得了一定的成果,党建品牌逐步树立,党建与业务的融合意识得到增强、融合效能正在显现,"党建业务两张皮"的现象已经一去不复返

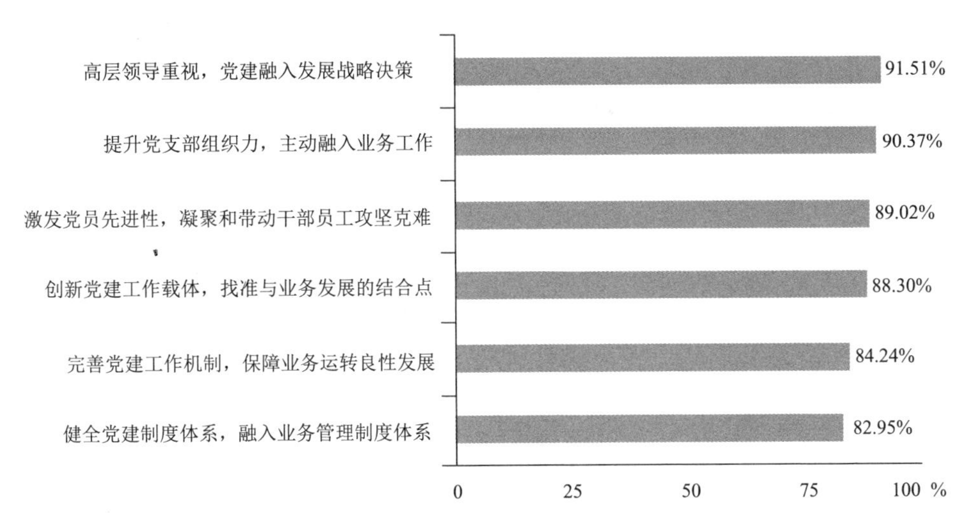

图 2 党建与业务深度融合举措的建议分析调研结果

了。但不可否认，目前在党建与业务深度融合上仍然存在着一些弱项。结合党建综合检查发现的问题，调研组认为目前山西省市县三级气象部门一些单位中，在党建与业务深度融合方面依然存在着以下不足。

(一)党建与中心工作脱节

党建与中心工作"不同调"，党建与气象业务同谋划、同部署、同推进、同考核的工作模式需要习惯，尤其是同考核的力度需要加强；研究党建工作不善于围绕中心工作谋篇布局，谋划业务工作也难以将党建工作融入其中；不清楚如何发挥党组织的政治功能和组织力去推动工作，不善于"借"党建之力去攻业务难题、破发展困境。

(二)理论学习与指导实践脱节

学理论不联系气象工作实际，在用理论指导实践、推动工作方面找不准着力点；学习内容碎片化，不系统，无计划；学习不深入，研讨交流少；学—思—践—悟方面仅停留在学或思的层次上，学用脱节、知行分离现象一定程度存在；学习效果不够明显，战略思维能力、历史思维能力、辩证思维能力、创新思维能力、法治思维能力、底线思维能力有待在理论学习中继续强化。

(三)载体设计与工作需要脱节

抓党建联系党员队伍和气象业务工作实际少，习惯于做表面工作，一些党建活动载体与中心工作不沾边或看似“融合”，实质上没发挥党组织和党员作用，没有起到思想洗涤、成风化人的作用；有的党建品牌项目实际上变成“展板”工程，效果欠佳，甚至成为党员负担；存在着党建品牌效应不足、党建与业务融合有效载体欠缺、党建活动效果欠佳的情况。

（四）组织生活与党员需求脱节

不注重发挥党组织的作用，一些党组织的党内组织生活看起来热热闹闹，但没走到党员心里；不注重发挥谈心谈话的作用，党员遇到困难和问题时，党组织没能及时提供关心帮助；针对少数党员干部理想信念动摇、组织纪律淡薄、先锋模范作用较差的现象，不注重发挥党课作用，存在着引导不准、教育不力、监督不够的问题；有的党员有思想疙瘩，没有养成找组织谈心的意识；组织生活与党员需求长期脱节，导致党员参加组织生活不主动不积极，把党建活动当负担，消极应付。

（五）党建成果与群众满意脱节

在服务群众上办法不多、用力不足、效果不显；党建工作的考核也往往与群众评判相脱节，党建成果往往“叫好不叫座”；一些党组织服务群众往往重形式轻效果，为的是完成任务，难以实现与群众心连心。

三、省市县三级气象部门党建与业务深度融合对策建议

通过对省市县三级党建与业务融合案例的研究，结合调研问卷统计结果，我们从五型机关创建入手，分析提出了山西省气象部门省市县三级党建与业务深度融合共 5 个方面 27 条路径 43 项具体举措。

（一）建设政治机关，强化气象部门政治机关意识教育

序号	路径	具体措施	对应层级
路径 1	健全推动党中央、省委和气象部门决策部署贯彻落实的工作机制，牢牢把握气象工作关系生命安全、生产发展、生活富裕、生态良好的战略定位	在确定工作思路、工作部署、政策措施时，自觉对标对表中央要求，及时校准偏差，将党建和业务融合体现在气象工作的各领域各方面各环节，形成研究部署、狠抓落实、督促检查、及时报告、跟踪问效的工作闭环	省级 市级

续表

序号	路径	具体措施	对应层级
路径 2	统筹推进党务干部和行政、业务干部学习教育培训工作	各类班次教学中增加理论教育和党性教育课程	省级
路径 3	突出抓好党组中心组、理论学习中心组学习	充分发挥党组中心组、理论学习中心组学习的领学促学作用，着重在激发学习兴趣、创新学习方法、提高学习质量上下功夫，综合运用个人自学、集体研讨、主题联学、课题研究、线上线下等多种形式，不断提升学习效果	省级 市级
路径 4	实施青年理论学习提升工程	提升青年理论学习小组学习质量，推进落实好青年理论学习小组定期学习制度，优化学习形式	省级 市级
路径 5	扎实开展强化政治机关意识教育	明确单位首先是政治机关这一定位，把讲政治的要求融入业务工作当中，进一步提高对气象工作政治属性和政治机关要求重要性的认识，锤炼党员干部忠诚干净担当的政治品格，自觉践行“两个维护”	省级 市级 县级
路径 6	落实好“第一责任人”责任和“一岗双责”	领导班子主要负责人要落实好党建工作“第一责任人”责任，班子其他成员要落实好“一岗双责”	省级 市级 县级
路径 7	严格落实意识形态工作责任制，确保业务工作体现意识形态工作要求	在落实重大业务和推动业务工作中坚持正确政治方向，要坚持站在政治的高度谋划业务发展，谋划重点任务注重突出党建引领作用，部署党建工作注重强化服务保障中心工作的导向	省级 市级 县级
路径 8	做好新形势下的气象宣传工作	气象宣传工作中突出正确舆论导向，为气象事业高质量发展提供强有力的舆论支持和精神动力	省级 市级 县级

（二）建设枢纽机关，增强党支部的政治功能和组织力

序号	路径	具体措施	对应层级
路径 1	增强党支部的政治功能和组织力	1. 发挥上传下达、联系左右、协调统筹的枢纽作用，努力破解工作中的“中梗阻”	省级 市级 县级

续表

序号	路径	具体措施	对应层级
路径 1	增强党支部的政治功能和组织力	2. 支部会要研究工作中存在的问题，业务会也不能单纯说业务，对业务背后的政治站位、思想作风等一并考量	省级 市级 县级
		3. 善于通过抓党员队伍建设、基层党组织建设、思想政治建设推进重点任务落实和工作目标实现	省级 市级 县级
		4. 在制定工作计划时，要用党建引领业务工作；业务工作在具体落实时，要发挥党支部和党员作用，围绕中心，完成目标任务；要依托业务和服务强化党建工作，让党建与业务同向同行，如同“人的两条腿”一般的自然融合机制	省级 市级 县级
路径 2	提高党内政治生活质量	1. 严格落实“三会一课”、主题党日、组织生活会等组织生活制度	省级 市级 县级
		2. 市县气象局可通过视频形式开展一体化主题党日活动，取长补短，共同推进党建与业务融合	市级 县级
		3. 在开展主题党日活动时坚持问题导向，主动对表对标业务上存在的一些不足	省级 市级 县级
路径 3	做好谈心谈话工作	贯彻落实《气象部门党支部书记谈心谈话制度》，要经常、主动同党员谈心谈话、交流思想，充分调动党员干部干事创业、担当作为的积极性	省级 市级 县级
路径 4	挖掘并宣传典型，营造爱岗敬业、创先争优的良好氛围	加大对身边好人、气象业务能手、竞赛获奖人员等先进典型事迹的挖掘和宣传力度，开展“榜样就在身边”评比，讲好气象科技人才开拓创新、不懈奋斗的故事	省级 市级 县级

（三）建设服务机关，充分发挥党支部教育、管理、监督党员的作用

序号	路径	具体措施	对应层级
路径 1	发挥党支部战斗堡垒作用和党员先锋模范作用	1. 在完成急难险重工作任务中形成支部组织、党员带头、职工参与的工作机制	省级 市级 县级
		2. 动员党员冲锋在前，认真履职尽责，积极担当作为	省级 市级 县级

续表

序号	路径	具体措施	对应层级
路径1	发挥党支部战斗堡垒作用和党员先锋模范作用	3. 充分发挥气象部门党组织的气象服务保障功能和气象防灾减灾第一道防线作用	省级 市级 县级
		4. 将党建与防汛抗旱、森林防火、重大活动气象保障等工作紧密结合，着力为群众办实事、办好事、解难事，为地方经济和社会发展提供优质高效的气象保障服务	省级 市级 县级
		5. 开展富有实效的党建活动、公益与志愿服务活动等，发挥气象专业优势，组建气象科普宣传服务组织并发挥其在气象防灾减灾宣传中的作用	省级 市级 县级
		6. 在职工中开展“如何在本职工作岗位上发挥党员先锋模范作用”研讨活动	省级 市级 县级
路径2	充分发挥党支部在业务工作中的政治引领、督促落实、监督保障作用	1. 在预报员等业务骨干中开展创建党员先锋岗、设定党员责任区、岗位建功活动等，推动党员立足本职、担当尽责，更好发挥先锋模范作用，发挥好气象防灾减灾第一道防线作用	省级 市级 县级
		2. 加强对人、财、物等关键岗位和干部选用、项目招投标、资产管理、设备采购等重要环节的党风教育与廉政监督，扎牢抵御风险诱惑的防线	省级 市级 县级
路径3	党建与业务人员的双向提升、双向培养	1. 注重党员党性修养与业务技能的共同提高	省级 市级 县级
		2. 科长任党小组长，业务和党建同部署、同考核，落实一岗双责	省级 市级 县级
		3. 注重安排优秀骨干、有培养前途的干部担负党建工作职责，参与到党建具体工作中并担任支部委员、党小组长等，在党务工作岗位上接受锻炼，加强党性熏陶，淬炼过硬品质，培养业务政治双过硬的“又红又专”的人才，同时也要落实好将专兼职党务工作经历纳入干部履历的要求	省级 市级
		4. 增加事业单位党员比例，打造一支党性强、素质高的预报业务队伍	省级 市级

续表

序号	路径	具体措施	对应层级
路径 4	坚持以党建带群建，发挥工、青、妇等群团组织桥梁纽带作用，形成工作合力	组织开展有益职工身心健康的文体活动，保障干部职工合法权益，团结引导广大干部职工坚定不移听党话、跟党走，充分调动干部职工投身气象事业的积极性、创造性	省级 市级 县级
路径 5	结合各自实际，打造党建品牌	秉承气象服务为民的理念，结合自身职责任务和服务保障范畴，打造诸如“融合创新解风云，气象筑防护古州”等符合工作实际的党建品牌，至少坚持 3 年，并根据形势变化完善内容	省级 市级 县级
路径 6	创新活动载体	创新活动载体，加强阵地建设，以“我为群众办实事”“人民至上，生命至上”主题实践活动为抓手，把气象业务、气象服务与党建相结合，提高工作质量、服务质量和服务效益	省级 市级 县级
路径 7	凝练工作方法	凝练党支部工作法，打造“党建＋X”模式，主要推行以下模式：党建＋创新管理、党建＋气象业务、党建＋文明创建、党建＋科研、党建＋服务保障、党建＋监督，促进党建工作内涵式发展，通过强有力的党建工作促进业务服务提质增效	省级 市级 县级

（四）建设参谋机关，发挥党支部和党员建言献策作用

序号	路径	具体措施	对应层级
路径 1	发挥好党建工作领导小组及其办公室的作用	定期听取党建方面的工作汇报，及时研究解决重大问题	省级 市级 县级
路径 2	发挥党支部参谋作用	注重发挥党支部对单位“三重一大”事项提供参谋建议的作用	省级 市级 县级
路径 3	发挥党员参谋作用	积极组织党员干部深入人民群众、深入服务对象中认真开展调研实践活动，立足气象工作职能，进一步研究和吃透上级的各项气象工作要求，把握调研重点方向，不断增强脚力、眼力、脑力、笔力，形成高质量调研成果，积极建言献策，为科学决策、精准施策提供有力依据	省级 市级 县级
路径 4	听取党务工作者和业务工作者的意见建议	工作中注意听取党务工作人员、业务工作人员关于加强党的建设有关的意见建议	省级 市级 县级

（五）建设督办机关，高质量完成任务是检验党建与业务融合成效的关键一环

序号	路径	具体措施	对应层级
路径1	用重点工作完成成效考核党建工作成效	紧贴年度目标任务推进党建工作，把抓中心工作完成、重大任务落实作为检验党支部组织力的试金石	省级 市级 县级
路径2	用党建推动督查督办落实	紧紧围绕本单位重点工作任务，把加强督查督办作为重要的工作理念和工作方法，并通过党建工作推动督查督办任务的落实	省级 市级 县级
路径3	政治和业务双向考核	年度考核等相关考核中，对党建和业务工作同总结、同述职、同考核、同评价，将政治表现与业务服务表现结合起来，以政治和业务的双向考核结果作为评先评优的依据	省级 市级 县级
路径4	强化对领导干部的政治素质考察和政治把关	1. 把融入业务抓党建、履行全面从严治党主体责任和“一岗双责”情况作为考察领导干部的重要内容	省级 市级 县级
		2. 把全面从严治党主体责任落实情况纳入党组织书记抓党建述职评议和党建考核评价体系。考核评价等次未达到“好”的，年度考核不得确定为“优秀”；考核评价为“一般”和“差”的，要约谈提醒、限期整改	省级 市级 县级
		3. 重视对党组织负责人履行党建责任情况进行评价，把党建工作成效作为衡量领导班子总体评价和领导干部选拔任用、实绩评价、激励约束的重要依据	省级 市级 县级

专业气象服务发展认识与实践问题的调研报告

张洪广　蔡　鹏　潘兵会　车军辉　滕华超

（山东省气象局）

专业气象服务是为满足人民美好生活需要，适应国民经济和社会发展各领域特定和个性化需求提供的气象服务，是中国特色现代气象服务体系的重要组成部分，关乎气象工作全局，关乎国家发展大局，关乎新发展格局。为探索新阶段气象更好融入和服务高质量发展的新思路、新举措，山东省气象局成立专题调研组，通过学习习近平总书记关于气象工作的重要指示精神和视察山东重要指示要求，结合党史学习教育，围绕思想认识、实践利弊、难点问题进行了研究和分析，并就专业气象服务走在全国前列提出对策建议。

一、发展专业气象服务的认识问题

思想认识是解决一切难题的根本前提，也是推动一项事业发展的首要问题，发展专业气象服务首先需要解决思想和认识问题。专业气象服务起源于20世纪80年代的专业有偿服务，党的十八大以来，山东专业气象服务有了长足发展，需求更加强劲，但是，我们也清醒地看到，在个别地区和个别单位仍然存在发展专业气象服务压力不大、动力不足、活力不够的问题，有些甚至还存在不想干、不会干的问题。究其原因，主要还是在思想认识上，把专业气象服务发展停留于之前的科技服务作为创收的手段而非事业发展的必须；把专业气象服务游离于公共气象服务之外，作为附加劳动而非主责主业；把专业气象服务局限于气象部门的工作，只是依靠本部门的资源和力量而非利用全社会的资源和力量。这些问题不解决，专业气象服务的发展将难以实现突破。因此，我们需要从以下五个方面对专业气象服务有新的认识。

（一）发展专业气象服务是贯彻落实习近平总书记关于气象工作重要指示精神的重要举措

习近平总书记关于新中国气象事业70周年的重要指示，指明了新时代气象事业发展的根本方向、战略定位、战略目标、战略重点、战略任务，是“十四五”乃至更长一段时间气象事业发展的根本遵循。把习近平总书记强调的战略定位理论逻辑转变为实践行动，迫切需要大力发展专业化、精细化的气象服务，更加科学和精准地解决一系列天气、气候和气候变化问题。把习近平总书记提出的气象事业发展战略任务落到实处，迫切需要加快建设专业水平更高、系统衔接紧密的气象服务体系。把习近平总书记提出的人民至上、生命至上理念和确定的气象工作战略重点，贯穿到气象防灾减灾救灾的各环节、各领域，就必须针对不同灾种、不同地域、不同时间、不同受灾体，全面提供灾害风险评估、预报预警、应对防范、恢复重建等专业化气象保障服务。可以说，专业气象服务前景广阔、大有可为。

（二）发展专业气象服务是提升气象工作职能作用地位的内在要求

服务是气象事业的立业之本，做好气象服务工作是党中央国务院交给气象部门的基本任务，是法律赋予气象部门的基本职能。有为才有位，立足新发展阶段、贯彻新发展理念、融入和服务新发展格局，欲求更高地位需有更大作为，而这个“大作为”更多体现在专业气象服务的发展上。气象工作基础性、社会公益事业的定位，要以气象服务的强化而强化。气象在防灾减灾的第一道防线作用、在应对全球气候变化的科技基础支撑作用，要以专业气象服务的深化而深化。气象避灾减损、赋能增效、惠民富民、护绿降碳等的保障作用，要以专业气象服务的拓展而拓展。气象服务的安全效益、社会效益、经济效益、生态效益，要以专业气象服务能力的增强而增强。应该说，专业气象服务的发展能够极大地提升气象工作在经济社会发展全局中的地位，能够更好地树立气象工作在社会公众心目中的形象。

（三）发展专业气象服务是发挥气象现代化建设效益的必然要求

气象现代化是国家现代化的重要标志，是全面建设社会主义现代化强国的有力支撑。通过多年努力，我国气象现代化建设已经迈上了新的台阶，气象科技、装备、人才的面貌发生了明显改变，相应地，我们必须大力发展专业气象服务，把气象科技创新成果转化为现实生产力，不断改变气象服务的面貌。通过持续发力，气象监测的精密度、预报预测的精准度都有了很大提升，相应地，我们必须大力发展专业气象服务，把强大的气象业务能力转化为气象服务能力，不断提升气象服务的精细度。通过凝神聚力，气象双重领导管理体制、部门合作机制、法律法规和标准体系日益完善，气象现代化建设的制度优势日益显现，相应地，我们必须大力发展专业气象服务，把富有特色的制度优势转化为服务优势，不断提升气象服务的竞争力和影响力。可以说，专业气象服务是气象现代化建设的重大任务，同时，也是发挥气象现代化建设效益的关键之处。

（四）发展专业气象服务是气象保障社会主义现代化强省建设的重要阵地

习近平总书记视察山东时作出重要指示，要求山东在社会主义现代化强省建设上开创新局面。山东省委作出实施“七个走在前列”“八大发展战略”“九个强省突破”“十强现代优势产业集群”等决策部署。贯彻习近平总书记的重要指示要求，落实省委的决策部署，一方面要求我们加快气象现代化建设，使山东省的气象综合实力走在全国前列；另一方面要求我们大力发展气象服务，融入和保障现代化强省建设新局面。把握气候变化规律，发展农业灾害保险、气候品质认证等新型专业气象服务，应该而且能够为现代农业强省建设提质增效。把握海气相互作用规律，加强海上安全和海洋产业等专业气象服务，应该而且能够为海洋强省建设赋能添力。把握气候变化影响规律，开展黄河三角洲生态保护、山东半岛城市群建设、大气污染防治等专业气象服务，应该而且能够为山东省生态建设走在前列作出贡献。可以说，专业气象服务应当而且能够成为现代化强省建设的生力军和“助推器”。

（五）发展专业气象服务是气象工作满足人民美好生活需要的主攻方向

党的十九大明确提出，当前我国发展的主要矛盾是人民日益增长的美好生活需要和不平衡不充分的发展之间的矛盾。习近平总书记多次强调，人民美好生活的需要，既有更多物质财富和精神财富的需要，也有更多优质生态产品的需要。经济社会的发展和人民生活水平的提高，对气象服务的需求更多、要求更高。利用先进的气象技术和现代信息技术，大力发展智慧气象，提供因时、因地、因人、因天气变化的专业化、针对性气象服务，能够解决好人民群众生产生活、衣食住行的天气气候之忧。加强气象与行业部门的合作，大力发展交通、旅游、能源、环境、健康等专业化气象服务，能够解决好人民群众的天清气净、康养行游的气象服务之需。深入人民群众的精神文化生活，大力加强气象科学知识普及和防灾减灾技能培训，提高应对自然灾害的自救互救能力，能够让人民群众有更多、更直接、更实在的获得感、幸福感、安全感。可以说，智慧化、专业化的气象服务已经成为人民美好生活的必需品和“日用品”。

二、发展专业气象服务的山东实践问题

在中国气象局和山东省委省政府的坚强领导下，山东省气象局加强顶层设计，不断推进气象供给深度融入防灾减灾救灾和各方面需求场景，强化服务能力、完善服务机制，气象服务的契合度、专业化水平明显提升，气象服务的安全社会经济生态效益得到充分显现。

（一）面向重大灾害，充分发挥气象防灾减灾第一道防线作用

强化面向党委政府的信息快速直达，推动建立了以气象灾害预警为先导的30多个部门组成的联防联动和全社会响应机制。加强实时监测、定量化影响评估和风险预估，开展了中小河流洪水、地质灾害和城市内涝等风险预警服务；在应对“温比亚”“利奇马”“烟花”等台风中，分别提前51小时、81小时、45小时准确预报台风路径、降水落区和强度、大风等级，为各方面有效防御争取了时间；健全大风灾害预警联动机制，省安委会出台高危行业大风蓝色以上预警信息安全管控规定。更加专业的气象服务使气象防灾减灾第一道防线作用得到充分彰显，2020年全省气象灾害GDP影响率降至0.1%。

（二）面向重大战略，着力突出地方特色，构建气象服务体系优势

服务乡村振兴战略，开展农作物从播种到收获全生命周期的跟踪服务，2020年设施农业气象服务新增经济效益达30亿元，通过气候品质评价的阳谷鲁丽苹果、峄城石榴亩增效益2000～4000元。服务海洋强省战略，为平安海区、海洋产业提供海上大风、海雾、强对流监测预报预警以及海洋生态遥感监测等专业化气象服务。服务生态文明建设战略，发布年度生态气象公报，开展了气候变化对黄河三角洲湿地、环渤海海岸带等脆弱生态系统的影响评估，针对大气污染防治开展减排效果评估、颗粒物来源解析，多次获省委省政府主要领导批示肯定。

（三）面向重大工程，持续提升气象支撑防风险能力

广泛开展气候可行性论证，为重大工程、城乡规划、重大区域性经济开发等提供气候背景分析、气象灾害风险评估及应对灾害建议，确保工程顺利实施。近年来，先后开展了海阳、招远等多个核电项目和枣庄、威海等多个民用机场建设的气候可行性论证工作，为莱州、牟平等海上风电项目提供最大风速论证评估服务，为烟台“裕龙”石化基地提供雷击风险评估服务，有效避免和缓解了气候变化对重要设施和工程项目的影响。

（四）面向重大活动，聚力攻坚精细精准的气象保障

圆满完成上合青岛峰会、海上阅兵、2次海上卫星发射等重大活动气象保障。在上合青岛峰会保障中，提前5个月编制高影响天气风险评估报告，提前1个月进入气象保障实战状态，提前半个月对天气趋势作出准确判断，每天发布各种精细预报产品，达到预报与实况的一致效果，保证了活动的精彩呈现。其他各市气象部门也通过高水平、专业化的气象服务，助力全省学生运动会、马拉松、博鳌亚洲健康论坛、全省旅游大会、潍坊风筝节等活动成功举办。

（五）面向重点行业，不断深化部门合作助力提质增效

与省水利、应急、国土、公安交警、中国铁塔、人保财险、中华保险等7家单位签署战略合作协议，提供“量身定制”的专业气象服务。为省应急厅实时推送森林火点遥感监测信息，有效防范火灾发生。开展公路沿线灾害性天气预报预警服务，为2020年全省道路交通事故四项指标全面下降作出突出贡献。构建“气象-电力灾害应急响应协同”服务模式，使全省电力公司年利润持续增长，城市供电可靠性从99.952%提升至99.966%，农村供电可靠性从99.880%提升至99.963%。与保险公司合作开展农业保险、防灾减损专业气象服务，实现粮食减损与赔付减少双收益。

（六）面向能源安全，积极服务保供全流程多元化需求

聚焦山东能源“四增两减一提升”工程，与省能源部门建立常态化的能源保供联合会商和应急联动机制，拓展服务渠道，研发能源气象服务平台，开展保发电、保输电、保配电、保检修、保燃料运输、保绿色发电的“六保”能源气象服务。研发气象要素分钟级1km格点实况数据集，提供电网气象实况告警和气象灾害预警服务，保障电网安全运行。

（七）面向生产生活，着重充实人民群众的气象服务获得感幸福感

气象服务产品覆盖公众交通出行、安全、户外、节假日等多领域，气象服务时效无缝隙涵盖分钟级实况、实时播报、气象灾害预警、逐小时、短时、短期、中期到长期等多尺度，基本满足了公众气象服务精细化、多样化需求。每年发布中秋、国庆、春节等节假日气象预报，提供出行建议。制作发布高考气象保障信息，提醒广大考生做好考前准备。面向旅游行业，开发穿衣指数、旅游指数、紫外线强度等各具特色的气象指数。公众气象服务满意度连续六年在90%以上，稳居全国前列。

调研组既对当前专业气象服务的发展做了梳理和分析，同时，在调研过程中也发现了专业气象服务发展存在的新挑战和新问题。从挑战上来说，对标新时代现代化强省建设，山东专业气象服务能力与各方面需求之间还存在明显差距、与中国气象局和省委省政府的要求还有明显差距、与发达省份的水平还有明显差距。从问题来看，山东专业气象服务发展还面临着战略定力不够、科技投入和成果产出不足、体制机制不完善、专业化程度不高、资源配置不合理、服务效益不彰、开放合作力度不够等突出难题。

三、新阶段推动专业气象服务高质量发展的对策与建议

前期已形成的专业气象服务发展共识、发展成果和发展经验深刻表明，新阶段气象现代化建设必将依赖于专业气象服务的高质量发展加以推动，这就需要我们从思想认识、能力建设、体制机制等方面入手，通过“科技融合、业务融合、资源融合、机制融合”，推动专业气象服务“专业化、体系化、社会化、产业化”发展，进而更大程度激发出专业气象服务的“安全效益、社会效益、经济效益、生态效益”。

（一）提高思想认识，加大支持力度

推动专业气象服务高质量发展，还需要在认识上再重视，在支持上再加力。我们要从最初时气象自身发展需要的考虑提升到从经济社会发展需要和气象事业发展需要双重考虑，从以往的被动式发展转变为主动式发展，从部门为主发展拓展到全社会共同关注和发展。一要保持战略定力。坚持把专业气象服务放在整个气象事业更加重要的位置上统筹谋划和发展建设，把专业气象服务发展有机融入气象强国建设纲要和气象强省规划，保持方向不变、力度不减、

政策连续。二要加强政策支持。系统推进专业气象服务与国省各项战略规划的有效衔接，加快制定推动专业气象服务发展的法律制度和经济、社会、技术等专门政策，因地制宜出台考核、评价、激励等配套政策。三要壮大服务实体。拓展专业气象服务业务内涵和业务布局，统筹配置发展资源，用心用力壮大专业人才队伍和服务实体。科学凝练实施重大气象服务工程，带动行业部门和科技企业参与到气象服务中。四要加大科技投入。对标监测精密、预报精准、服务精细的战略任务，加大多渠道科技投入，集中支持科创平台建设、产品应用研究和科技成果转移转化，推动专业气象服务全面创新发展。

（二）转变发展方式，增强服务能力

推动专业气象服务高质量发展，迫切需要转变发展方式，调整供给结构。一要以科技融合促进专业化发展，不断增强科技创新能力。抓住新技术变革的重大机遇，把握天气气候与各领域的相互影响规律，充分利用人工智能、大数据、云平台、物联网、5G等现代信息技术，融合农业、海洋、生态、环境、交通、能源等领域科学技术，加强科技创新，推动气象服务专业化发展。二要以业务融合促进体系化发展，不断增强国家气象部门综合实力。以数据为核心，推动观测业务、预报业务、服务业务等的全面融合，避免业务系统重复建设和业务发展自成体系，建立有利于专业气象服务发展的现代气象业务体系。以效率为中心，推动国、省、市、县专业气象服务的全面集约，避免重复劳动和各自为战，建立有利于专业气象服务一体化、规模化、效益化发展的职能职责体系。三要以资源融合促进社会化发展，不断增强服务供给能力。依托数字强省建设，建立统一标准规范的行业气象服务大数据云平台，推动跨部门、跨地区、跨行业数据资源的融合，实现行业数据共享、共用、共赢。以国省联动、部门合作、社会参与为重点，推动科技创新、产品创新、服务手段创新的融合，构建众智众创的气象服务创新生态，实现传统气象服务向智慧气象服务转变。四要以机制融合促进产业化发展，不断增强市场开拓能力。发挥政府主导作用，加快构建专业气象服务社会化治理体系，充分利用大数据加强对各类服务实体的服务和监管，保护数据知识产权和国家气象数据安全，促进专业气象服务有序发展。发挥市场在资源配置中的决定性作用，引入市场机制，强化与社会企业的联合创新，联合开展服务成果转化、标准制定与推广、技术交流、效益评估等工作。

（三）深化改革开放，完善体制机制

推动专业气象服务高质量发展，迫切需要破除体制机制瓶颈，释放发展动力和活力。一要建立完善科技成果转化和评价机制。完善科技成果收益分配机制和科研人员激励机制，通过技术开发、技术转让、技术咨询、技术服务等业务渠道，建立与气象服务企业间的技术合作“纽带”，促进成果转化和技术创新，增强专业气象服务各类实体和从业人员的获得感。二要建立完善国有企业混合所有制改革政策。依据国家法律政策，制定出台气象服务社会化监管细则，科学规范和依法推进气象服务社会化工作，重点推进国有企业混合所有制改革，构建专业气象服务事业和企业联合发展的良好机制，利用市场手段配置资源，促进事企联动发展。三要建立完善行业间的合作机制。加强专业气象服务规范化管理，建立合作备案公示制度、商务谈判保护期机制、恶意竞争处罚机制，促进专业气象服务健康发展。建立气象产业协会，打造统筹配置社会资源的工作平台，建立技术链、人才链、产业链“三链合一”协同发展新模式。

强制性国家标准《气象探测环境保护规范 地面气象观测站》(GB 31221—2014) 实施情况调研报告

何　桢[1]　刘子萌[1]　陈　挺[2]　李　宝[3]　纪翠玲[1]

(1. 中国气象局气象干部培训学院；2. 中国气象局气象探测中心；
3. 中国气象局政策法规司)

强制性国家标准是我国新型标准体系中的一个重要层级，是国家经济社会运行必须执行的底线要求。《中华人民共和国标准化法》及配套文件《强制性国家标准管理办法》明确规定强制性国家标准严格限定在保障人身健康和生命财产安全、国家安全、生态环境安全和满足社会经济管理基本要求的范围之内，建立强制性国家标准实施情况统计分析报告制度，对标准的实施情况进行定期监测和评估。按照《关于开展2021年强制性国家标准实施情况统计分析试点工作的通知》(国标委发〔2021〕9号)要求，中国气象局重点选取了《气象探测环境保护规范地面气象观测站》(GB 31221—2014)作为试点，评估实施效果、梳理存在的问题、提出改进建议，以提升该标准的适用性，更好地发挥对地面气象观测站气象探测环境的保护作用，为今后常态化落实强制性国家标准实施情况统计分析报告制度奠定基础。

一、基本情况

(一) 基本信息

气象探测工作是气象工作的前提和基础。气象探测资料是研究天气和气候变化规律，防御气象灾害，合理开发利用和保护气候资源，为经济建设、国防建设、社会发展和人民生活提供气象服务的基本依据。气象探测资料应具备代表性、准确性、连续性和可比较性。这不仅取决于观测仪器、观测方法和观测人员技术水平，还依赖于观测仪器所在的环境状况。因此，客观、定量地评价地面气象观测站的探测环境状况及其代表性，对于了解观测数据的来源，进行观测数据的质量控制，提高天气预报预警、气候预测预估、气象保障服务和科研水平具有重要的意义。为了详细、全面地表述各类气象观测站探测环境的具体保护范围和要求，中国气象局在《气象法》《中华人民共和国气象设施和气象探测环境保护条例》等法律法规基础上，组织制定了《气象探测环境保护规范地面气象观测站》强制性国家标准，并于2015年1月1日起实施。该标准详细规定了国家级地面气象观测站的保护期限、保护范围、对障碍物及影响源的限制要求，以及对区域气象站温度、降水、风等环境要素限制的最低要求，为保护地面气象观测站气象探测环境提供了强有力的技术依据。目前，全国共有2427个国家级地面气象观测站实施了探测环境保护，该标准应用面广、使用频率高。

（二）调查原则、范围和内容

本次调研遵循客观公正、公开透明、分级分类、注重实效的原则，采取定量调查和定性评估相结合的方法，做到了纵向联动、横向协调、广泛参与、重点突出。调查范围覆盖了2092个地面站，包括188个基准站、539个基本站和1365个国家一般气象站，样本数量大、代表性强。重点从标准的适用性、协调性、执行情况、技术经济、实施效益等五个方面进行调查分析。

（三）调查过程、方法及数据处理

调查分为两个阶段。第一阶段采取问卷方式对全国各级气象部门和城市规划等相关部门开展普查，问卷题型设置了选择题和简答题。其中，云南、青海、河南、辽宁、广西、福建等省区气象局及行政区内具有代表性的市县城市规划部门填写了线下问卷，其他省市各级气象部门填写了线上问卷。收回线下有效问卷40份、线上有效问卷2037份，合计2077份，具有较好的有效性和代表性。第二阶段采取查阅资料、座谈会、专家咨询、电话回访等多种方式作为补充进行了深度调查，通过主动到有关部门面对面征求意见、实地了解情况、进行典型案例分析等，获取有关标准实施的做法、亮点、效果、问题及建议等方面的一手资料。在上述调查基础上建立了数据集，对定量数据采用数理统计方法进行量化处理，对定性评价信息运用比较和分类、分析和综合等逻辑分析方法进行提炼和加工。

二、标准实施情况评估

（一）标准适用性分析

标准的技术内容是否全面、技术要求是否合理是标准能否获得广泛应用的关键。本次评估通过调查各级气象部门对标准强制性条款的必要性、推荐性条款的必要性、标准技术指标和技术方法有效性等四方面指标的看法来综合评价标准的适用性。经评估分析表明：

一是该标准规定的技术要求客观上完全符合地面气象观测站的气象探测环境保护业务需求，具有重要技术支持作用（图1）。99.70％的问卷认为该标准规定的强制性技术要求，对于开展地面气象观测站探测环境保护工作完全或大部分必要，认为少部分适用或不适用的仅占0.30％。97.90％的问卷认为该标准规定的推荐性技术要求，对开展地面气象观测站探测环境保护工作完全或大部分必要，认为少部分适用或不适用的仅占2.10％。关于推荐性条款下一步是否调整为强制性条款，64.20％的问卷认为下一步需要调整为强制性技术要求。

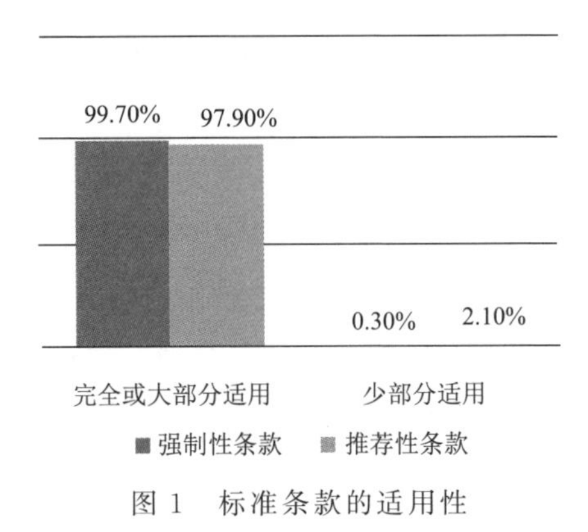

图1　标准条款的适用性

二是标准提出的技术指标基本覆盖地面气象观测站探测环境保护需要（图2）。98％的问卷认为完全覆盖，2％的调查问卷建议增加国家级地面天气站、观象台、无人站的保护技术指标，并建议增加对观测站上方电力线路的限制条款。

三是标准提出的技术方法对地面气象观测站探测环境保护基本有效（图2）。99.70％的问卷认为计算方法行之有效；98.60％的问卷认为目前没有新的测

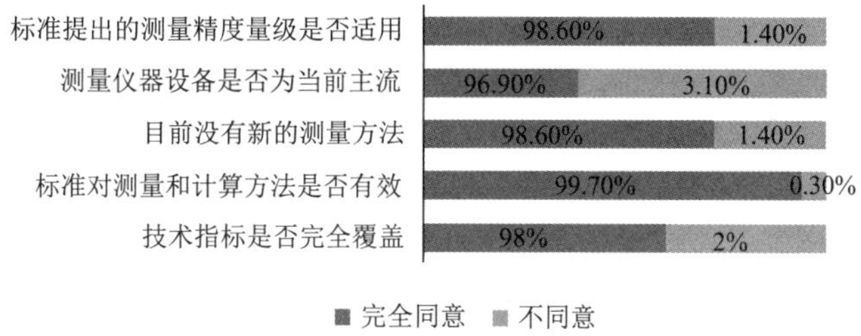

标准提出的测量精度量级是否适用 98.60% 1.40%
测量仪器设备是否为当前主流 96.90% 3.10%
目前没有新的测量方法 98.60% 1.40%
标准对测量和计算方法是否有效 99.70% 0.30%
技术指标是否完全覆盖 98% 2%

■ 完全同意 ■ 不同意

图 2 标准技术指标和技术方法的有效性

量方法，其余 1.40％问卷认为可以用激光测距仪代替皮尺，或使用电子地图软件测量距离；96.90％的问卷认为该标准提到的测量仪器设备是当前主流仪器设备；98.60％的调查问卷认为标准提出的测量精度量级适用。

（二）标准协调性分析

《国家标准化体系建设发展规划（2016—2020 年）》指出，建成支撑国家治理体系和治理能力现代化的有中国特色的标准体系，要按照“包容开放，协调一致”等基本原则，加强标准与法律法规、政策措施的衔接配套，发挥标准对法律法规的技术支撑和必要补充作用。因此，本次调研通过“协调性、一致性”等关键词来反映标准的协调性问题。

经评估分析表明：该标准与法律法规、相关技术及地方产业政策协调一致。具体从与国际最新技术法规或技术标准、与其他强制性国家标准、与相关法律法规及产业政策等多方面的协调性来看，认可度高达 95％以上。

对于个别问卷反馈存在不协调、不一致的情况，经核实，均集中在与《气象设施和气象探测环境保护条例》的不同表述方面，属于法律条文和技术标准的行文表述特点引起的差异，因而所提的建议和问题不属于不协调、不一致的情况。

（三）标准执行情况分析

标准具有共同使用和重复使用的特性，其效益只有通过使用才能得到体现。本次调研通过调查认知情况、执行情况、培训宣贯等三方面来了解该标准的执行情况。经评估分析表明：

一是该标准作为强制性国家标准，执行力度强，总体使用情况较好，发挥了积极作用（图 3）。气象部门的问卷表明，严格执行和基本执行该标准的达到了 100％；气象部门外相关行业问卷表明，该标准的执行率也高达 95％。

图 3　标准执行情况（左：气象部门；右：外部门）

二是社会公众对该标准的认知程度较好，但对标准与相关法律法规的关联和理解有待加深（图 4）。气象部门的问卷表明，有 64.00％认为业务人员深入了解并熟练掌握了相关技术、技能，大致了解的占 35.80％；气象部门外相关行业问卷表明，38.40％认为当地政府、自然资源、城乡规划、建设、无线电、环保等部门深入了解该标准，60.40％认为大致了解，1.20％认为不了解。

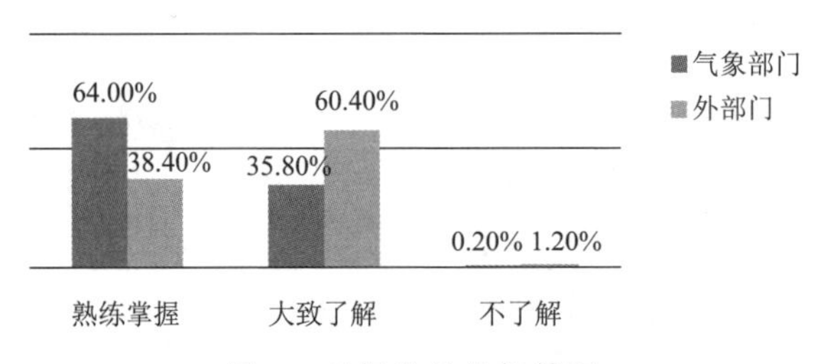

图 4　对标准的认知情况

三是对标准的宣传手段呈现多渠道的特点。从调研、座谈等途径了解到，多地通过举办专题培训班、庆祝世界气象日和世界标准日等活动、借助相关会议和文件、在气象站点观测场外设立“指示牌”等方式面向部门内外和社会公众进行了宣传科普。参与本次问卷调查的各级气象部门还就标准实施情况向当地党委政府进行了汇报，累计达 6892 次，平均每个观测站点约 3.4 次。对该标准的宣贯共 17077 次（平均 8.4 次/站），相关培训达 8328 次（平均 4.1 次/站）。

（四）标准技术经济分析

气象事业服务于国家经济社会发展。该标准的实施与地方经济发展和城市建设关联性较大。近年来，受城市建设、观测站网调整等客观因素影响，地面气象站探测环境较易发生变化。为保障探测环境，需要进行站址迁移、拆除超标物才能贯彻标准。本次调研通过标准执行所付出的达标成本来反映标准的技术经济情况。

通过调查了解到，自2015年1月1日标准实施以来，参加本次调查的1699个县级气象部门中有1054个气象观测站点已满足该标准的技术条款，占比约62%。其余645个站点，通过站址迁移、拆除超标物、其他措施达到该标准技术要求的分别为439个、47个和159个。对于采取站址迁移方式达到标准要求，且有直接经济成本的有335个，总成本130454万元，平均约389万元/站点。对于通过拆除超标物方式达到标准要求，且有直接经济成本的有45个，总成本4.5万元，平均0.1万元/站点。通过其他方式达到标准要求，且有直接经济成本的有123个，总成本233万元，平均约1.9万元/站点。

（五）标准实施效益分析

因该标准属于社会公益类项目，不产生直接经济效益，主要体现为社会效益。为了解标准实施后产生的效益情况，本次调研通过对保障气象数据获取、对气象事业高质量发展贡献程度、增强社会对气象探测环境保护意识，以及促进有关科技活动等四方面来评价标准的实施效益。经评估分析表明：

一是该标准有效规范和保护了地面气象观测站的气象探测环境，确保了气象观测记录的真实性和可靠性。从《气象探测环境月报告》的统计数据来看，自该标准实施以来，国家级地面气象观测站的数据可用性稳定在99.97%～99.99%。96.8%的问卷认为通过该标准能够保证气象探测资料的可比较性、代表性、准确性和连续性，为提高天气预报准确率提供了有力支撑。

二是该标准对保障气象事业高质量发展有显著作用。99.5%的问卷认为该标准对气象事业高质量发展有积极影响，气象服务国家、服务人民成效瞩目。面向防灾减灾救灾，气象部门充分发挥了气象防灾减灾第一道防线作用，气象灾害造成的死亡失踪人数由“十二五”年均约1300人下降到800人以下，经济损失占GDP的比例由0.6%下降到0.3%；面向经济社会发展，主动融入国家重大战略和现代化经济体系建设，为各行各业提供气象服务，气象投入产出比约1∶50；面向人民美好生活，围绕人民群众衣食住行娱购游等多元化需求，大力发展智慧气象服务，公众气象服务满意度达到90分以上。

三是该标准的实施增强了全社会对气象探测环境的保护意识。63.7%的问卷认为该标准的实施，显著增强了全社会的气象探测环境保护意识，认为有所增强的占比33.9%。根据问卷反馈，当地人大、政府出台与该标准有关的地方性法规、规章、规范性文件共504件；当地政府在市场准入、事中事后监管和政策文件中引用该标准共1260件次；气象部门向当地自然资源、城乡规划、建设、无线电、环保等部门提交备案共3445次；1434个气象部门已纳入当地规划建设委员会或类似机构。

四是该标准的实施促进了气象探测环境保护基础研究和科技进步。64.9%的问卷认为实施该标准明显促进了气象探测环境保护方面的基础研究和科技进步，认为有所促进的占比32.5%。67.8%的问卷认为实施该标准对于提供准确有效的气象观测数据方面，显著支撑了本单位以及外部门相关科研活动，认为有所支撑的占比29.4%。

三、标准存在的主要问题

（一）标准中观测站分类名称表述方式等要与气象业务发展做好衔接

为了与气象事业高质量发展相适应，中国气象局于2018年对气象观测站分类进行了重新梳理。为此，该标准中“国家一般气象站”的表述方式与现行气象业务中观测站分类存在不一致的情况，导致在标准实施过程中容易引起不必要的误解，需加强相关解读。

（二）对标准的宣传范围和力度还需加大

标准的宣传范围和力度不够，主要体现在：气象部门业务人员对标准认知程度高，政府、城市规划部门、其他相关单位仅知道有该标准，但对标准的主要技术条款并不了解。此外，鉴于该标准的有效执行与当地政府、地方城建部门等政府机构密切相关，配套的沟通协调机制仍需完善。

四、调研结论及建议

（一）调研结论

一是该标准作为社会公益类强制性国家标准，主要指标与助力生命安全、生产发展、生活富裕、生态良好的要求相适应，与推动气象事业高质量发展的要求相适应，与“预报精准、监测精密、服务精细”的要求相适应，在全社会影响范围广、普遍执行率高。该标准的制定目的已基本实现，有效规范和保护了地面气象观测站的气象探测环境，使得观测数据质量逐年稳步提升，为确保气象观测记录的真实性和可靠性提供了有力保障。

二是该标准与有关的法律法规和产业政策等一致性较高，具有合理性、科学性和可操作性，为标准的实施推广奠定了良好基础。

三是作为地面气象观测站气象探测环境保护业务的重要技术依据，该标准的发布实施得到了广泛认可，在地面气象观测站点的新建、整改、迁移、拆除中得到有力执行，发挥了重要作用。特别是在标准出台后，地方人大、政府出台了与该标准相关的法规、规章、规范性文件，地方政府出台的政策文件对标准的引用频率较高，部分气象部门已纳入当地规划建设委员会或类似机构。

四是标准的实施与地方经济发展、城市规划建设等关联性较大，商业规划与气象探测环境保护的问题时有发生，已有的地面气象观测站点为满足该标准的技术条款，通过采取站址迁移、拆除超标物及其他措施，会造成经济成本的一定损耗。各级气象部门要积极发挥主导作用，与地方政府进行协调沟通，主动贯彻落实该标准，以免造成不必要的经济成本损耗。

五是该标准发挥了较好的社会效益，实施效益的总体评价较好。通过标准的实施，地面气象观测站气象探测环境保护工作完成度较高，为落实习近平总书记关于“发挥气象防灾减灾第一道防线作用”的指示精神、提高气象服务保障能力，提供了有力的技术支持。

（二）工作建议

一是建立完善“政府主导、部门联动、社会参与”的气象探测环境保护机制，齐抓共管，特别是应强化地方政府主动作为贯彻实施标准，把气象探测环境保护工作重心前移，推动标准的实施更有力。该标准实施应用效果不仅有赖于气象部门，还很大程度上需要与地方政府、相关部门联动，因此，建议将气象探测环境保护工作纳入地方经济社会发展规划，持续主动强化有利于地面气象观测站气象探测环境保护的措施。特别是在城市规划阶段，要充分考虑该标准的技术指标，统筹做好地面气象观测站点的新建、整改、迁移、拆除，从而引导加强标准的实施力度。

二是要扩大宣传范围，不断加强社会公众对该标准以及相关法律法规、技术条款的认识，进一步巩固扩大全社会贯彻实施标准的共识。加大对标准及其相关法律法规、业务要求等之间关系的解释和宣传力度，特别是要提高各级领导干部以及业务管理人员的标准化意识，利用文件、期刊、网站等渠道组织做好科普宣传工作；分层次、分对象、多形式、高频次组织开展标准培训，确保各级业务服务人员准确把握和理解标准内容。

三是完善各项机制，在实施中提高标准的实效性。探索促进标准应用的激励、考核机制，不断提高标准应用水平；建立标准使用情况和应用效果跟踪评价的长效机制，及时收集和分析标准使用者和业内相关人员的意见，为优化标准以及更好地发挥标准效益和作用提供参考；加强标准实施效果评估技术与方法的研究，构建评价指标、改进评估方法、拓宽评估范围、强化成果应用，不断提升气象标准化工作效益。

北京市气象部门人才队伍建设调研报告

郭彩丽　刘伟东　杨　娟　谷战明　佘　峰　高金阁　单晓琳

（北京市气象局）

为贯彻落实习近平总书记关于气象工作的重要指示精神和新时代人才工作的新理念新战略新举措，推进北京气象事业高质量发展，调研组对标建设气象强国目标，围绕北京率先建成高水平人才高地要求，就北京市气象人才队伍建设开展专题调研。调研组通过问卷调查、座谈交流以及平时了解等方式广泛了解业务科研人员意见，深入分析人才队伍工作现状，认真梳理人才工作面临挑战和存在问题，研究提出新时代加强和改进北京气象人才工作的对策建议。

一、北京气象人才发展基本情况

近年来，北京市局党组深入学习贯彻习近平总书记关于人才工作的重要论述，牢固确立人才引领发展的战略地位，积极贯彻落实中国气象局和北京市人才工作部署，聚焦“扩大人才增量、服务人才存量”，形成“1151”人才工作做法（1套人才工作领导管理体系、1套人才培养激励制度、5个人才培养平台、1套分级竞聘用人制度）。市局人才整体素质稳步提高，队伍结构持续优化，人才培养和竞争的良性环境不断完善，近年来人才工作在省级气象部门现代化评估中持续名列前茅。

（一）人才队伍基本情况

截至2021年12月底，北京市气象部门共有职工763人，其中国家编制人员543人（国家参公编制121人、事业编制422人），地方事业编制人员77人，外聘人员143人。市级职工530人（国家参公编制60人、事业编制324人，地方事业编制56人，外聘90人），区级职工233人（国家参公编制58人、事业编制101人，地方事业编制21人，外聘53人）。硕士及以上学位人员占比58%，高级职称人员占比43%，较2017年年底分别增长13.4个百分点和17.8个百分点。高层次人才队伍稳步增长，入选国家、中国气象局和北京市各类高层次人才项目人选计28人次。

（二）人才工作主要做法

通过“1151”人才工作举措，营造具有竞争力的人才发展环境，着力培养引进用好各类人才，不断提高人才工作水平。问卷调查结果显示，直属单位和区气象局绝大多数人员（90%左右）对人才发展环境表示满意；直属单位多数人员（76%）、区局绝大多数人员（91%）认为所在岗位能充分或较好发挥作用。

1．强化党管人才，着力完善一套人才工作领导管理体系

一是成立人才工作领导小组，强化人才服务理念。由人事处牵头抓总，各相关业务处室各司其职、密切配合，在人才培养、评价、激励和使用等方面加强协同，制定实施有效的人才政策，解决人才工作中的难点、热点问题。二是以重大活动服务保障为重要抓手，强化人才政治引领。引导一线人才心怀“国之大者”，在重大国事活动、重大高影响天气和重大灾害性天气过程的气象服务保障中成长成才。三是强化服务型管理，不断优化人才发展环境。在科研业务项目、重大活动气象服务保障、境内外培训交流等方面积极为人才提供能干事的平台、干成事的机会；积极解决高层次人才两地分居落户问题、青年职工住房难问题，对新录用博士连续5年每月给予4000元租房补贴。四是加强对人才关心关爱。积极争取各方支持，努力提高职工待遇；建立定期联系服务专家制度，加强思想和情感交流；坚持对高层次人才“逢病必探、逢难必帮、逢恼必解”。

2．改进育才措施，形成一套培养激励制度

一是着力完善人才发展制度环境。印发《关于进一步激励气象科技人才创新发展的若干措施》《北京市气象局新时代高层次科技创新人才计划实施办法》等。二是着力强化青年人才培养。制定专业技术人员培养计划表，实行针对性地滚动培养和督促；聘请18名国内专家作为青年导师，一对一指导关键岗位人才成长；建立“师徒式”传帮带机制，引领新入职人员尽快适应岗位工作；建立首席预报员与各区气象台结对子帮扶机制，每年组织10余人次开展市、区两级业务骨干交流。三是健全人才培养激励举措。落实气象野外科学试验（考察）津贴制度、人工影响天气飞行作业人员补助制度；修订完善高技能业务人才竞赛激励标准；印发《市区两级业务人员岗位交流管理办法》；鼓励在

职人员公派出国访学进修，保证人员在国内访学和出国访学进修期间待遇不降。

3. 打造创新平台，推动集聚优秀人才

一是扩大研发队伍体量，组建北京城市气象研究院，其编制从原50个增加到122个；引进国际一流专家领衔技术指导，形成了多支在国内外具有一定影响力和竞争力的人才队伍。二是坚持国际高端合作，拓展对外交流。充分发挥“城市气象研究-国家国际科技合作基地”作用，建立“城市气象国际联合研究中心”，建立与国际知名研究机构学科交流互访机制，带动城市气象领域的国际化科技人才培养。三是集众力、汇众智，组建大北方区域数值预报模式协同创新联盟。为15个联盟成员培养近150名模式研发与应用人才，促进我国北方地区天气预报客观技术发展。四是强化云降水物理研究和云水资源开发重点实验室建设。聘请清华、北大、以色列气象研究所等机构的知名专家一对一指导，建成一支在全国人工影响天气领域具有较高影响力的人才队伍。五是建立实训基地。与南京信息工程大学和中国气象科学研究院研究生院等建立实训基地，为硕博士毕业生提供研究实习机会，同时为各单位提供识人、选人平台。

4. 全面推行竞聘上岗，不断完善能上能下的竞争性用人机制

一是落实岗位聘用制度，实施专业技术岗位聘期分级考核和竞聘上岗。通过岗位竞聘、动态调整，实现岗位能上能下，充分调动人才的积极性、主动性。二是完善首席专家管理机制。在主要业务领域设置首席、副首席，明确岗位职责，并实施选拔与聘期考核动态管理，聘任岗位与收入分配同步调整。三是对贡献突出的优秀人才在职称评定、岗位评聘等方面给予倾斜，以用为本，不唯学历、不唯论文、不唯项目、不唯资历。

二、形势和问题分析

中央人才工作会议明确提出了新时代人才工作的新理念、新战略、新举措，强调要坚持党管人才，坚持面向世界科技前沿、面向经济主战场、面向国家重大需求、面向人民生命健康，深入实施新时代人才强国战略，全方位培养、引进、用好人才，加快建设世界重要人才中心和创新高地。习近平总书记要求广大气象工作者要加快科技创新，做到监测精密、预报精准、服务精细，推动气象事业高质量发展，提高气象服务保障能力，发挥气象防灾减灾第一道防线作用。首都北京重大国事活动多、规格高，对特大城市气象保障服务提出

了更高标准、更严要求，中国气象局党组明确要求北京市气象局在各方面都要走在前列，特别是有条件也有责任加强科技创新、建立北京气象高水平人才高地，争当气象事业高质量发展和气象强国建设“排头兵”，争创气象服务经济社会高质量发展“示范区”（简称“双争”）。

对标贯彻中央人才工作会议精神要求，对标贯彻习近平总书记关于气象工作重要指示精神要求，对标北京气象部门“双争”要求，北京气象人才队伍还存在一些薄弱环节，主要体现在以下几个方面。

1．人才工作的顶层设计急需加强

一是人才队伍建设缺乏系统规划，尤其是北京气象高水平人才高地的建设目标、重要举措和基本路径尚不明晰。二是人才结构布局不尽合理，专业领域发展不平衡不充分，如天气预报、信息化和满足“＋气象”行业气象服务需要的优秀复合型人才短缺，区级人才专业素质能力与市级人才差距明显。

2．培养引进用好人才的有效举措还不多

一是核心业务领域高学历人才招录难度明显加大，对天气预报、气象观测等领域的高层次领军人才缺少有效培养和引进的手段。二是北京生活成本较高，使得留住人才、激励人才、用好人才更具挑战。三是核心领域战略科技人才依然短缺，人才队伍的潜力潜能还未充分挖掘发挥。

3．适应事业发展的人才创新发展平台还需加强

一是缺乏新发展阶段人才培养使用平台，如缺乏人工智能、数值预报模式工程化应用、智能网格预报技术等开放合作的创新平台。二是缺少数字化、信息化培训平台，对现有专业技术人员缺少智能观测、大数据挖掘、智能预报技术等领域的新技术培训。

4．人尽其才的用人机制有待完善

一是人才评价机制需进一步改进，实际工作中“一把尺子量到底”的现象、“四唯”倾向都还不同程度存在。二是人才激励保障机制需进一步完善，如业务科研人员对职称、岗位和待遇的期待与实际情况有差距，地方津补贴还没有从机制上有效解决。三是人才政策用好用足不够。四是人才发展的开放合作机制需进一步深化。

三、主要对策建议

围绕中央人才工作会议要求、气象强国建设和市局实现“双争”目标对北

京气象人才工作的需求，提出以下建议。

（一）坚持党管人才，强化人才工作的统筹协调和顶层设计

一是牢固确立人才引领发展理念，落实“一把手”抓“第一资源”责任制，在首都北京防灾减灾、特大城市安全运行和重大国事活动的气象保障实践中培养人才、集聚人才。二是聚焦人才培养、引进、使用、评价、激励、保障全链条人才生态，做好新发展阶段北京人才工作的顶层设计和战略谋划，研究提出气象人才队伍建设总体目标、重要任务和具体举措。三是建立用人单位人才工作目标责任制，落实主体责任，细化考核指标，加大考核力度，将考核结果作为领导班子评优、干部评价的重要依据。四是加强人才政治引领、政治吸纳，完善党组（领导班子）联系服务优秀人才制度，定期听取高层次人才的意见建议，引导人才心怀“国之大者”，弘扬科学家精神，勇于担负推动气象事业高质量发展的责任使命。

（二）坚持高端引领，加快建设北京高水平气象人才高地

一是拓宽引才引智视野，探索“推荐制”引进模式，靶向引进具有国际影响力的战略人才，按照“一事一议”“一人一策”方式确定相关服务和支撑机制。二是用好“气象高层次科技创新人才计划”“北京学者”“科技新星计划”等一揽子人才计划，不断提高北京气象人才的高度、宽度和厚度。三是积极参与中国气象局和北京市人才高地建设，用好各级各类人才政策，加强与国内外气象高校与研发机构在人才培养方面的合作，推进业务科研骨干参与国内外高级访问进修。四是依托城市气象国际科技合作基地、北京城市气象研究院等科技创新平台，以“项目制”等模式，集聚一批站在国际科技前沿的科技领军人才，在城市气象研究、精细化数值预报、人工影响天气等领域形成有国际影响力的研究团队。

（三）坚持引育并举，壮大青年创新人才队伍

一是加强政治引领，引导青年人才树立热爱首都气象事业的责任担当，扣好青年人才人生“第一粒扣子”。二是树立重品行、重需求导向，精准对接相关高校院所，精准招录重点领域优质生源。三是充分发挥高层次人才对新录用毕业生、基层青年人才的“传、帮、带”作用。加大直属单位之间和市、区两级青年人才的交流锻炼力度，不断提高青年人才的业务能力和创新能力。四是着力完善培养和凝聚优秀青年人才的机制，鼓励青年人才参加高层次学术交流

和国内外业务技术交流培训，引导青年人才向一线岗位和关键岗位流动，扩大科技项目对青年人才的支持规模，鼓励青年人才在重大科研、业务和工程项目研发、重大活动气象保障中挑大梁、当主角。五是优化北京气象高层次科技创新人才计划，扩大优秀青年人才选拔规模，着力打造一支创新潜力突出、矢志推动北京气象事业高质量发展的青年生力军。

（四）坚持创优人才环境，推动人才工作提质增效

一是落实北京市深化科研经费管理改革政策，用好“包干制”等政策机制，赋予科研人员充分的人财物自主权和技术路线决策权。二是改进人才评价方式，强化绩效考核，完善以品德、创新能力、业绩贡献为导向的人才评价制度和岗位聘用制度。三是加强对科研活动的科学管理和服务保障，建立让科研人员把主要精力放在科研上的保障机制，减少对人才的事务性干扰。四是畅通基层人才的晋升空间，在职称评聘、交流培训、表彰奖励、人才工程等方面向基层倾斜，为基层人才提供良好发展空间。五是定期开展“点对点”“面对面”人才联系服务，在思想上、工作上、生活上持续关心关爱人才，及时协调解决人才队伍建设中的困难和问题。

关于促进国内气象企业健康发展的思考

白 海 李 佳 王柏林

（中国华云气象科技集团公司）

2020年中国气象局进一步向社会开放气象数据、鼓励社会企业参与气象仪器研发生产、规范防雷检测资质管理后，为国内商业气象市场注入了政策活力，2020—2021年两年间全国新注册成立气象相关企业1.52万家，较2019年年底企业数量1.15万家增加了132%，国内气象相关企业如雨后春笋般地“蓬勃”发展。

一、背景情况

随着经济社会的发展，天气因素对于各行各业的影响比重越来越大，使气象产品或服务也成为一种商品来进行交易，德尔菲气象定律给出的气象投入与产出比为1∶98，更是凸显出了商业气象巨大商机。商业气象服务在美国、日本、欧洲已经比较成熟，2018年欧洲商业气象年产值达到2600亿美元，美国则有1600亿美元，日本100亿美元，并且均保持着每年近10%～15%的增长速度。美国和日本是全世界商业气象服务发展最好的国家，酝酿出多个世界顶尖的商业气象服务公司。美国天气频道（The Weather Channel）占据美国气象信息市场半壁江山，国际业务扩展到12个欧洲国家和21个拉美国家，日本天气新闻公司（Weather News）以海运、航空等行业气象服务为核心，在13个国家建有19个分公司。

从1985年开始，国内气象部门开始提供专业气象信息的有偿服务，我国气象服务产业也由此产生。2000年以后，国内商业气象服务产业发展尤为迅速，特别是在2015—2016年中国气象局大力推进“放管服”改革，连续颁布了第27号令《气象信息服务管理办法》、第28号令《气象专用技术装备使用许可管理办法》和第31号令《雷电防护装置检测资质管理办法》，并于2020年对上述三个部门规章进行了修订，进一步向社会开放气象数据、鼓励社会企业参与气象专用技术装备研发生产、规范防雷检测资质管理，为国内商业气象市场注入了政策活力，促使国内气象相关企业如雨后春笋般蓬勃发展。据中国气象服务协会测算，2020年我国气象市场总规模2250.9亿元，潜力巨大。国内开展商业气象领域主要集中在气象仪器装备生产、气象信息服务、气象灾防服务与气象软件开发及技术服务四个方面。

一是气象仪器装备生产，是指生产专用于气象探测、预报、服务以及人工影响天气、空间天气等气象业务的设备、仪器、仪表及消耗器材，该领域主要为国有企业占领，主要服务对象是政府部门。气象装备生产商主要由局属企业中国华云气象科技集团下属公司和大型央企航天科技集团、中国电科集团、航天科工集团、中国船舶集团的下属公司及部分民营公司构成。老牌气象仪器生产商上海长望气象科技有限公司（并购上海气象仪器厂）、长春希迈气象科技股份有限公司（原长春气象仪器研究所）、中环天仪股份有限公司（原天津气象仪器厂）和“气象新兵”广东纳睿雷达科技股份有限公司、湖南宜通华盛科技有限公司等都已经或正在积极争取科创板、新三板上市融资。

二是气象信息服务，是指将在基本气象监测、预报预测信息基础上加工制作出来的专业化气象信息产品通过各种手段和渠道提供给用户，该领域主要为民营企业占领，主要服务对象是社会大众和相关企事业单位。墨迹天气、彩云天气、和日天官等民营企业在气象信息传播领域都不同程度地得到了资本市场更多青睐，墨迹天气据称是中国生活服务类应用排名亚军、全球下载量第一的天气类应用。局属企业华风爱科是华风集团与全球知名互联网气象服务公司AccuWeather成立的国有控股合资公司，运营“中国天气通”，与华为手机、VIVO手机深度合作，天译科技运营的中国天气网和中国气象频道是国内生活服务类网站排名第一。

三是气象灾防服务，是指通过有效的工程技术手段，防止或降低气象灾害的影响，主要包括防雷工程和人工影响天气等服务，该领域主要为民营企业占领，主要服务对象是政府部门和企事业单位。防雷产业进入门槛低、科技含量低、效益高，社会防雷企业众多、竞争激烈，四川中光防雷登陆A股市场，成都兴业雷安、深圳康普盾等民营公司也得到资本市场关注。气象部门防雷企业上海市避雷装置检测站经过改革调整，2020年公司净利润在部门企业遥遥领先。人工影响天气产业主要依托军工领域国有企业，包括江西新余国科、陕西中天火箭、北方天穹等国有控股公司。

四是气象软件开发及技术服务，是指气象信息化建设、气象应用软件与APP开发、气象平台系统集成，该领域主要为民营企业占领，主要服务对象是政府部门。部门外企业航天宏图、中科星图、神州泰岳、象辑科技等民营企业在专业气象服务领域，都不同程度地得到了资本市场更多青睐。部门内企业北京华云星地通科技有限公司引入上海卫星工程研究所股权投资，加强中国航天与中国气象深度合作。

二、国内气象企业发展现状

国家企业信用信息公示系统显示，截至2021年12月5日，全国正在或拟开展气象相关业务（公司名称或经营范围中包含“气象”或“天气”）的在业、存续企业（以下简称“涉气企业”）共有2.67万家，我们探索从企业成立时间、注册资本金、参保人数、科技资质、上市及融资等几个维度，对全国涉气企业进行分类分析。

从企业成立时间来看（图1），2016年开始每年新成立企业超千家，至2019年年底，全国每年新成立涉气企业的数量保持平稳上升态势，增幅较为平稳；2020—2021年，涉气企业新增数量出现“井喷”，2020年全年新成立企业超5000家（较上年增长160%），2021年新成立企业超1万家（较上年增长104%），企业总数由2019年年底的1.15万家激增至2021年12月5日的2.67万家，全国涉气企业成立进入“爆发期”。此现象或与国家持续加大“十三五”和“十四五”期间气象防灾减灾工作的资金投入、与中国气象局更加开放的气象数据政策和专用技术装备许可政策、与德尔菲气象定律被资本市场逐渐认可都有关联。

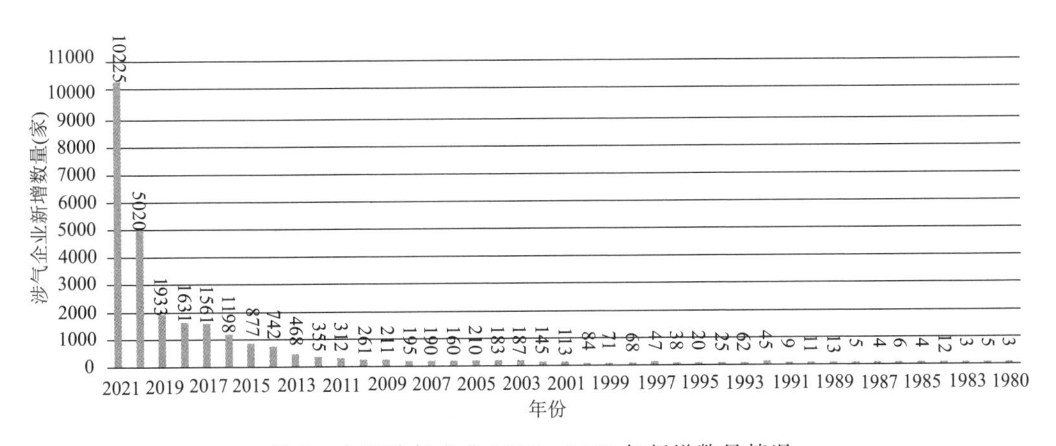

图1　全国涉气企业1980—2021年新增数量情况

从企业注册资本看（图 2），以注册资本金在 2000 万元以下的全国涉气企业为主体（占比 95.2%），全国涉气企业的注册资本金主要集中在 100 万～200 万元（占比 19.4%）和 100 万元以下（占比 25.8%），其中 1 万元以下占比 11.0%。这说明全国涉气企业的资金规模“小”，主要以小微企业和小型企业为主。

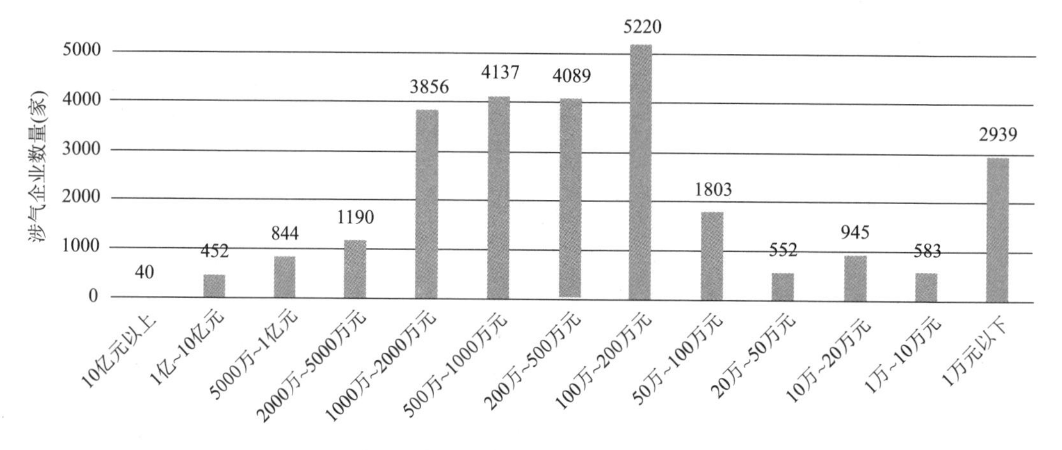

图 2　全国涉气企业注册资本规模

从企业参保人数来看（图 3），1.17 万家涉气企业未填报参保人数（主要为 2021 年和 2020 年新成立企业），在填报了参保人数的 1.50 万家企业中，有约 8000 家企业（占比 53.9%）参保人数为 0，仅有 266 家企业（占比 1.7%）参保人数超过 100 人。这说明全国涉气企业的从业人数“少”，主要以小微企业为主，约 1/3 企业为空壳企业。

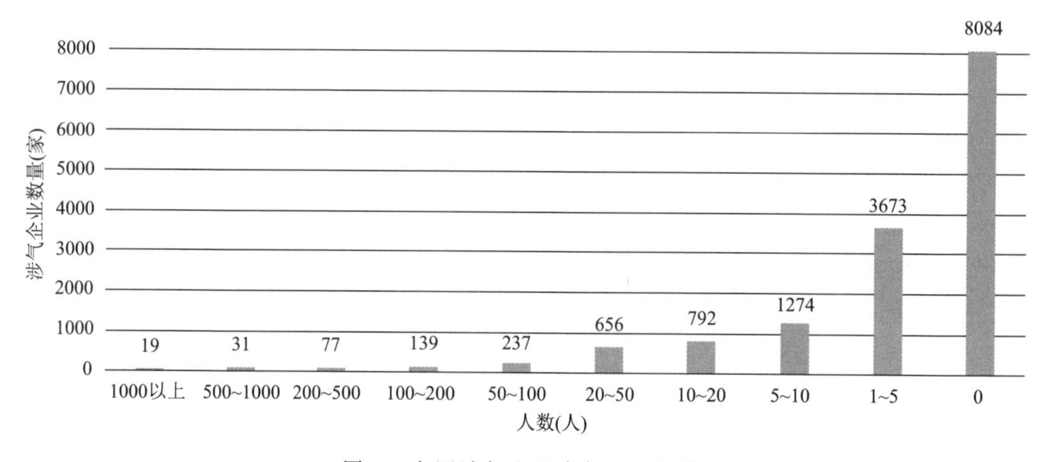

图 3　全国涉气企业参保人员规模

从企业所属行业来看（图4），全国近1.1万家（占比41.2%）涉气企业属于专业技术服务业、科技推广和应用服务业，主要从事气象软件开发及技术服务、专业气象服务工作；近1万家（占比36.4%）涉气企业属于装备制造业、批发零售业，主要从事气象专用仪器制造和批发销售；约2300家（占比8.6%）涉气企业从事防雷工程，约500家（占比1.9%）涉气企业从事航空运输。这说明全国涉气企业主要还是以气象数据开发应用、气象专业仪器制造和防雷工程为主，市场受到气象“放管服”政策刺激较为明显。

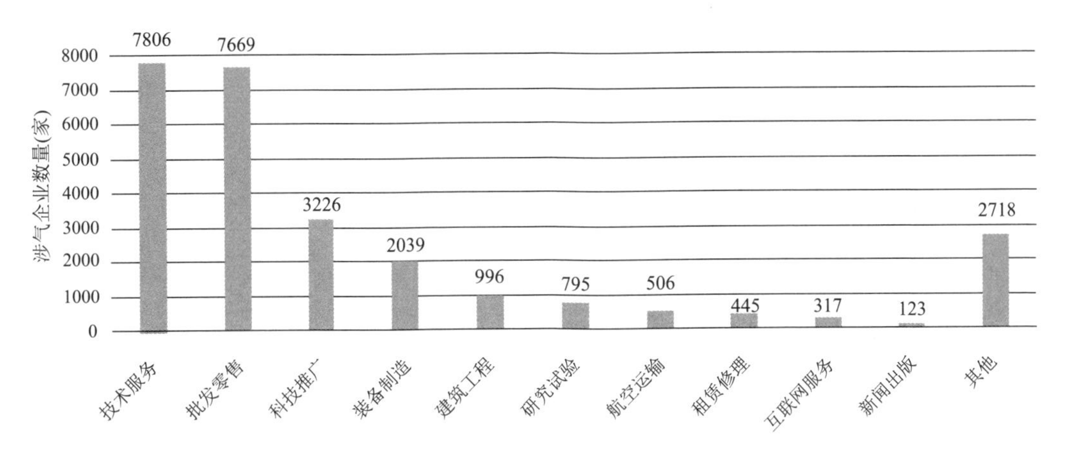

图4　全国涉气企业所属行业分布

从企业所处省份分布情况来看（图5），有7个省的企业数量超过1000家，其中山东、广东、江苏3个省的企业数量均接近3000家（占比约为33.1%），2019年年底前成立企业最多的省份是广东，2020年成立企业最多的省份是江苏，2021年成立企业最多的省份是山东。企业数量最少的3个省（区）是青海、西藏、宁夏，总和约600家（占比约为2.3%）。这说明全国涉气企业的分布较广、各省（区、市）均有，同时也较多集中在鲁粤苏三省，呈现东南沿海省份多、中西部内陆省份少的地域特点。

从企业获得科技资质情况来看（图6），1339家涉气企业被认定为科技型中小企业（占比5.1%）、948家企业被认定为高新技术企业（占比3.6%），专精特新企业103家，仅有极少部分科技型企业获得瞪羚企业、雏鹰企业、独角兽企业、隐形冠军企业等称号。这说明全国涉气企业的整体科技水平还比较“低”。

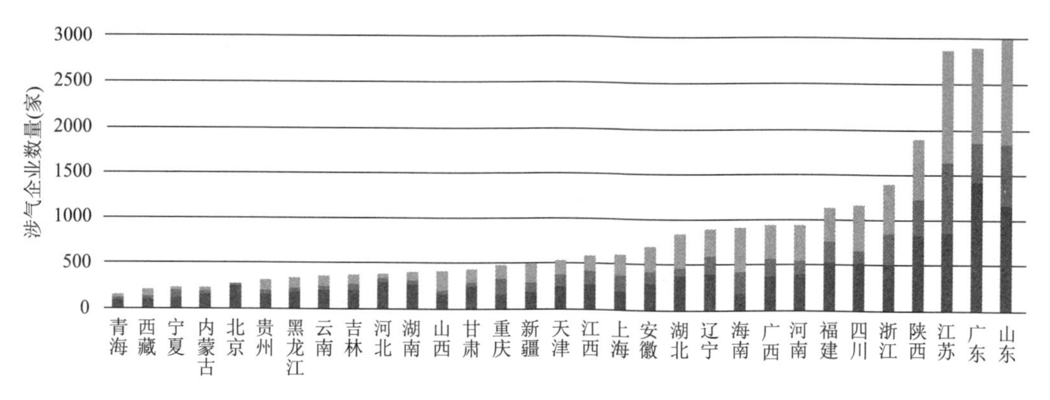

图 5　全国涉气企业所处省份分布

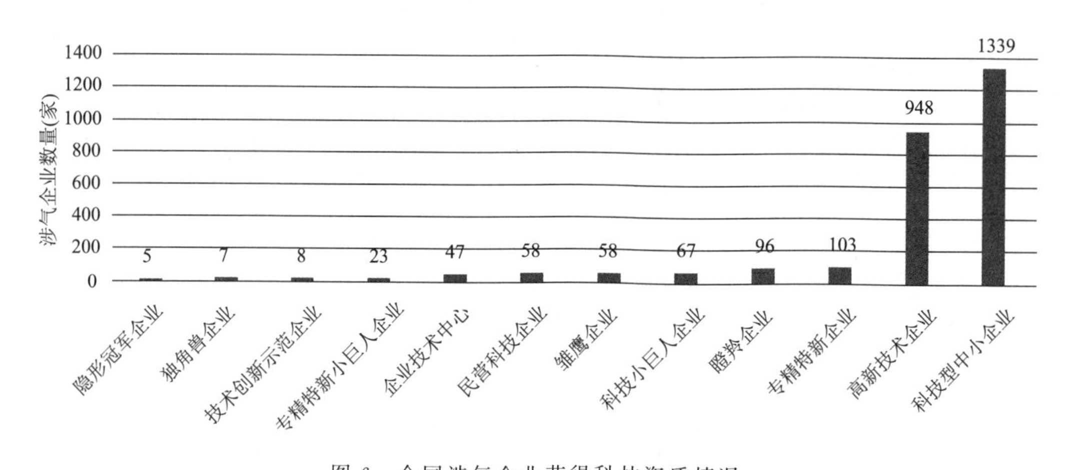

图 6　全国涉气企业获得科技资质情况

从企业上市及融资情况来看（图 7），96 家涉气企业登陆股票市场（气象部门企业无一上榜），其中，15 家在 A 股上市、2 家在科创板上市、25 家在新三板上市、53 家在新四板上市；111 家涉气企业开展了融资活动，其中，19 家完成了天使轮融资、26 家完成了 A 轮融资、6 家完成了 B 轮融资、3 家完成了 C 轮融资、13 家开展了收（并）购、44 家开展了战略投资。这说明气象行业企业的融资活动参与度和吸引投资能力还不强。

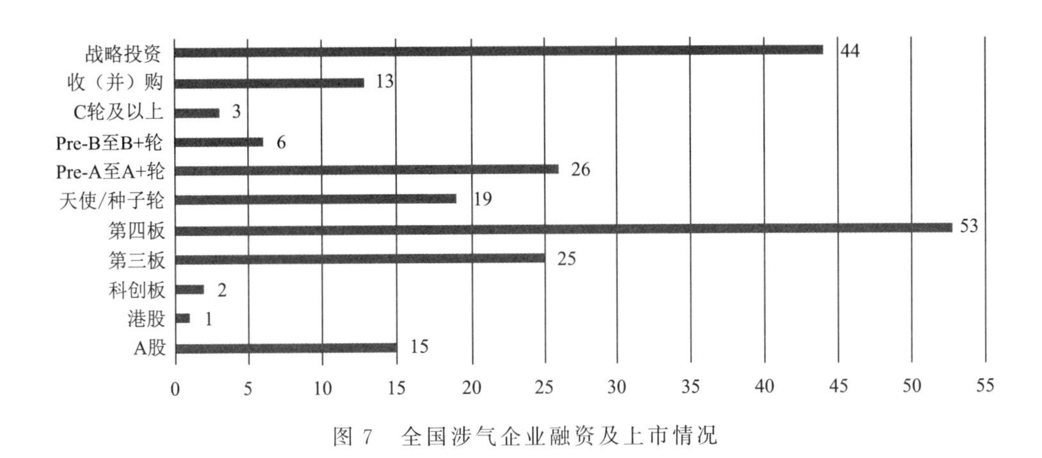

图 7　全国涉气企业融资及上市情况

参与气象业务较多的企业有 18 家，根据主营业务分类，12 家为气象仪器装备生产类，4 家为气象软件开发及技术服务类，1 家为气象灾防服务类，1 家为气象信息服务类。

三、存在问题

2020 年 6 月，习近平总书记主持召开中央全面深化改革委员会第十四次会议，会议审议通过了《国企改革三年行动方案（2020—2022 年）》，为推动国资国企高质量发展、做强做优做大国有企业指明了方向。同年 11 月，中国气象局发布了促进部门企业现代化、规范化、规模化发展的《关于规范局属企业发展的意见》，要求局属国有企业聚焦主责主业、做强做优做大。2021 年 11 月，党的十九届六中全会再次明确指出：党毫不动摇巩固和发展公有制经济，毫不动摇鼓励、支持、引导非公有制经济发展，支持国有资本和国有企业做强做优做大，建立中国特色现代企业制度，增强国有经济竞争力、创新力、控制力、影响力、抗风险能力。

聚焦主责主业、做强做优做大的要求，气象事业和气象部门企业发展遇到前所未有的机遇和挑战。

一是气象信息数据和气象服务市场不可避免地走向开放，国内、国际知名气象公司将以更快速度进入气象业务主赛道。

二是更多的公众和私营机构认识到气象信息对商业和经济方面的价值，在气象部门“放管服”改革政策利好刺激下，国内气象行业小微企业必将越来越多，气象企业维持“（经营规模）小、（科技水平）低、（地域分布）散”，低水平重复开发、低价竞争现象加剧，继续分食防雷工程、气球施放、气象信息传播等气象产业低端市场。

三是国内商业化气象科研、业务、服务竞争更加激烈，越来越多的气象行业企业学会如何在资本市场“讲好故事”，获得资本青睐后，加大气象科研投入，加速气象装备制造、气象软件开发等气象产业中低端市场内卷。

四是气象产业链高端存在空白，气象资料质量控制及多源数据融合与再分析能力、远洋/航空气象服务能力与国际领先水平存在代差，缺少国内企业持续研发投入。

四、建议对策

企业是科技创新的主力军，是气象服务直接进入经济社会并转化为现实生产力的重要途径，气象强国建设离不开企业的支持，气象产业的蓬勃发展更离不开企业的发展壮大，针对上述存在问题，思考如何促进国内气象企业健康发展，提出如下建议。

一是继续深化中国气象局“放管服”改革。一方面“放”有尺度，在保证国家安全、气象事业发展的基础上，继续开放气象数据、鼓励社会企业参与气象仪器生产研发、规范防雷检测资质管理；另一方面“管”有措施，抓紧出台“气象产业发展规划”，推动气象产业链现代化，明确划分气象产业链低、中、高端，实施分类指导，完善管理机制，按产业链不同环节分别开展“事前”“事中”和“事后”监管；再一方面“服”有水平，引导、布局产业链高端，特别是要重点培养壮大一批占据产业链中高端且具有产业链控制力的气象部门科技型龙头企业、领军企业。进一步增强产业链上下游的系统性、协同性，力争形成“聚而优”的产业链生态。

二是促进企业经营现代化、规范化、规模化。鼓励占据产业链中高端的企业，特别是主要服务对象为社会大众和相关企事业单位的部门气象软件开发、气象信息服务公司，全面对标国内国际市场竞争要求，形成反应灵敏、运行高效、充满活力的规范化、市场化经营机制；组建高水平产业技术创新联合体，规模化发展，探索组建全国（或省级）一体化的专业气象服务集团，面向气象、农业、水利、运输等更宽广的市场，向资本市场讲好气象故事，积极争取战略投资、上市融资，更大范围地拓宽研发资金渠道，确保企业研发创新投入水平随企业发展不断提高，推动气象软件开发、气象信息服务企业经营健康良性发展。

三是鼓励国内气象企业积极拓展全球市场。一方面是国内气象企业主动

“走出去”，加强与“一带一路”沿线国家在气象领域的交流与合作，为沿线国家建立综合气象观测网、研发多模式气象集合预测系统和气象预警信息发布平台等，既充分发挥气象在推进“一带一路”建设中的重要支撑保障作用，又提升我国气象技术研发和生产制造能力、推动我国气象产业提质升级；另一方面是国内气象企业为我国实施“走出去”战略的大型国企、央企、政府部门，开展“伴随式”气象服务，为我国企业“走出去”和“一带一路”通路、通航、通商安全以及沿线国家和地区提供全方位、优质气象保障服务。

乡村振兴气象服务专项建设调研报告

喻迎春[1]　郑宏翔[1]　薄兆海[2]　聂　鑫[3]　姜　燕[1]　石　锋[1]

（1. 中国气象局应急减灾与公共服务司；
2. 辽宁省气象局；3. 山东省气象局）

乡村振兴气象服务专项（以下简称“专项”）建设是气象服务“三农”的有力抓手，经过10多年的建设，全国气象部门基层气象防灾减灾和农业气象服务的能力和水平得到了显著提升，也进一步夯实了气象事业发展的基础。但是，随着国家乡村振兴战略的实施，高标准农田建设和农业机械化大力推广，特别是设施农业、特色农业等迅速发展，保障国家粮食安全和重要农产品供给等对气象服务提出了新需求，传统的农业气象服务已无法适应需求，乡村振兴气象服务的供需矛盾已发生变化。

面对新形势新需求，本着目标导向和问题导向，2021年8—11月减灾司牵头成立调研小组，分批次深入辽宁、黑龙江、湖南、湖北、河南等省气象部门开展实地调研，同时也收集各省气象部门关于专项建设的意见建议，与部分挂职干部进行深入交流研讨。通过调研，梳理了当前专项建设中存在的问题，提出了下一步工作建议。

一、建设成效

2010—2021年，专项建设主要以县（市、区）为实施单位，涉及全国31个省（区、市）的2200多个县，实现全国832个贫困县的全覆盖，累计投入资金约25亿元，主要用于气象防灾减灾体系和农业气象服务体系建设，专项建设的示范、辐射、带动作用凸显，乡村振兴气象服务成效显著。

（一）基层气象灾害预警服务体系不断完善

一是基本实现基层气象防灾减灾标准化建设全覆盖。完成了全国基层气象防灾减灾“六个一”标准化建设，基本覆盖全国所有县（市、区）。形成了基层气象防灾减灾基础数据一本账以及本地灾害天气影响区域一张图，建立健全农村预警信息一键式发布网，制定完善一系列气象防灾减灾工作制度及业务规范，建成由气象信息员、重点防御单位责任人等组成的基层气象灾害防御队伍，建设省、市、县一体化气象防灾减灾业务服务平台。通过“六个一”建设，基层防灾减灾工作更加科学、规范、高效。

二是基层气象防灾减灾能力明显提升。开展了暴雨洪涝气象灾害风险普查，完成普查中小河流5425条、山洪沟19279条以及泥石流和滑坡隐患点6.9万余个。发展了气象信息员60.6万名，建立了基层气象信息员管理工作机制。积极发挥国家预警信息发布系统作用，利用短信、“12121”声讯系统、大喇叭、显示屏等传统方式，以及快手、抖音、今日头条、微博、微信等新媒体开展气象服务，加强了气象防灾减灾服务的针对性、有效性和及时性，有效减轻气象灾害带来的不利影响，充分发挥了气象防灾减灾第一道防线作用。

（二）基层农业气象服务能力不断增强

一是智慧农业气象业务更加集约高效。建成省市县一体化农业气象业务服务平台，建立农业气象指标库和服务对象信息库，实现本地农业气象服务产品的加工制作、信息管理，以及产品分发的自动化、集约化、规范化。组织开发“云＋端”国省一体化智慧农业气象业务平台，初步实现全国农业气象产品“一张网”。二是智慧农业气象服务实现直通便捷。按照直通服务基本要求，面向125万个新型农业经营主体开展“直通式”服务，智慧农业气象手机终端注册的新型农业经营主体达81万个。三是农业气象基础业务能力得到显著提升。各实施县在“三区三园”（粮食生产功能区、重要农产品生产保护区、特色农产品优势区，现代农业产业园、科技园、创业园）建成现代农业气象示范田1858块，安装农田小气候站1618个、农田实景观测站1028个；制作完成县级精细化农业气候区划4627项、县级精细化农业气象灾害风险区划5524项；建成标准化现代农业气象服务县143个。

（三）创新发展特色气象服务模式

各地气象部门结合当地农业生产实际，积极创新发展特色农业气象服务模式。河北、西藏、四川等地与保险部门合作，研发特色农产品气象指数保险产品和农业气象巨灾指数保险产品，强化农业生产风险保障。公共气象服务中心开展的“中国气候好产品”评价工作，得到了地方各级党委政府的高度评价和认可；广东、福建、辽宁等地推进“气候好产品”和“岭南生态气候标志”

“气候福地”等省级气候好产品认证工作，挖掘生态气候资源优势，帮助各地农民增产增收。与农业农村部联合建设 15 个特色农业气象服务中心，打造地方特色气象服务品牌，带动各省（区、市）气象局创建省级特色农业气象服务中心，形成示范作用和规模效应。全国共有 27 个省参与创建 249 个“中国天然氧吧”，推进气象赋能全域旅游发展。

（四）促进基层气象事业发展融合

一是各级党委政府更加支持气象事业发展。推动地方党委政府出台有利于气象为农服务的政策措施，印发支持气象为农服务的文件，1537 个县将气象工作纳入地方“十三五”发展规划。带动地方财政匹配投入近 10 亿元。二是气象更加融入地方经济社会发展大局。基层气象部门开放、合作、共享的发展理念不断强化，更加关注经济社会对气象的需求，更加注重发挥党委领导、政府主导的作用和部门合作机制建设，有效推动气象工作融合政府工作大局，气象工作社会影响和社会认可度显著提升。三是基层综合气象服务能力显著提升。有力促进了基层气象观测自动化、气象预报精细化、服务产品多样化、服务手段信息化水平的提升。充分发挥农业气象专家和创新团队作用，培育了一批气象为农服务专业人才。四是各地结合实际创新农业气象服务发展新模式。涌现出“德清模式”和“永川模式”等一批防灾减灾好做法，以及安徽“众包模式”、“江西微农”、重庆智慧农业气象服务等新手段，建立气象助力精准扶贫“突泉模式”。

二、存在问题

（一）专项建设统筹谋划不足

一是当前农业气象服务能力不适应新需求。随着国家粮食安全战略和乡村振兴战略的深入实施，传统农业的大众化、普适性需求向现代农业、特色农业的小众化、精细化需求转变，需要为农气象服务更具科技含量、更高服务水平、更具针对性，需要专项建设根据当地实际需求统筹谋划并适时调整。

二是专项购置的设备作用发挥不够。项目建设前期，部分地区通过专项购置的农业气象观测设施缺乏统一规划和统一标准，少数省局管理不到位，导致部分观测资料的汇集、处理、应用存在问题，观测设备和数据闲置，影响专项效益发挥。通过专项资金购置的部分农田小气候仪、预警信息接收终端等设备，因经费维持问题，无法保障设备正常运转。

三是气象为农服务保障机制不健全。通过专项建设，各级政府提高了对气象为农服务工作的重视程度，但随着专项实施结束，后续地方政府将气象为农服务工作纳入目标考核、维持经费纳入财政预算、服务机构向乡镇延伸等长效机制不健全。普遍存在“重建设、轻机制”的现象，简单将专项建设作为一个项目来实施。

（二）专项建设重点不够突出

一是业务服务急需的核心问题解决不够。传统农业向现代农业转变过程中，质量兴农、绿色兴农、品牌强农对现代农业气象服务提出诸多新要求，气象为农服务核心技术发展有待进一步加强，如国家级格点化服务产品的精细度、作物种植落区精准度不高，卫星遥感、土壤水分监测等技术在农业气象服务中的应用不充分。全局性强、科技含量高的重大任务，仅由实施单位特别是基层县局已无法解决，如农业气象灾害影响预报及风险预警、大宗作物的农业气象服务技术、种业气象服务、特色农业等重点领域，需要发挥国家级、省级的力量集中攻关解决，市县级负责应用评估反馈。

二是创新开展地方特色的工作不多。受经费总量、经费使用限制等要求，以及管理人员水平、技术条件等限制，基层气象部门只按照上级部署的规定动作开展建设，有特色、有成效的自选动作越来越少，建设内容存在同质化、模板化现象，调动基层创造力不够，无法满足各地个性化的需求。

（三）项目效益发挥不够

一是乡村振兴气象服务需求旺盛、经费保障不足。目前有限的经费只能支持部分粮食主产省的粮食保障服务方面的建设，其他省和重要农产品服务、特色中心建设、种业气象服务等方面均没有经费支持，不能满足高速增长的现代农业气象服务和农村防灾减灾气象服务保障的需求，各省对增加专项支持范围和支持力度的需求非常迫切。

二是资金性质导致申报积极性降低。专项经费由财政部支持，主要用于业务服务维持。《乡村振兴气象服务专项管理办法（试行）》明确规定项目建设经费，有些必须支出的科目不能在项目中列支，影响了县局的申报意愿。

三是建设成果推广应用不够。建设成果转化率有待提高，一些专项建设的农业气象适用技术、气象服务指标体系，由于基层农业气象业务人员素质不高，能够真正用于指导农业生产的技术和指标较少，专项建设效益评估方面的典型案例推广宣传仍需加强。

三、工作建议

（一）加强顶层设计谋划

对接《“十四五”推进农业农村现代化规划》，编制“十四五”国家粮食安全气象保障服务指导意见，制定乡村振兴气象服务专项三年实施计划。充分发挥国省的统筹作用和技术优势，集中力量解决全国农业气象业务服务中的共性、重点、疑难问题。争取利用三年时间建成“布局合理、优势突出、上下联动、协同发展”的现代气象为农服务体系，智能化观测、试验和平台支撑更加有力，智慧农业气象服务和农村气象灾害风险服务水平明显提升，为促进农业稳产增产、农民稳步增收、农村稳定安宁提供高质量的气象服务。

（二）突出重点建设任务

围绕国家粮食安全和特色产业发展需求，坚持技术引领，加强业务系统平台建设，联合攻关解决关键核心技术，提升现代气象为农服务体系的“智慧”程度，探索建设现代农业气象服务高质量发展新模式。一是调整优化农业气象观测站、试验站的站网布局，继续开展冬小麦、水稻和玉米区域联合实验，探索开展特色农业试验站建设和农业气象社会化观测。二是建设基于“天擎”系统的国省一体化的作物气象监测评估预报综合业务平台，实现国省统一的数据共享、数据挖掘、数据监控展示等功能的农业气象大数据应用，农业气象监测预报评估的主要算法国省集成统一，以及基于“云＋端”的精细化、智能型、定制式的农业气象业务产品制作。升级改造省、市、县一体化农业气象业务服务平台。三是建立健全国、省、市、县四级农业气象服务指标体系，梳理建立主要粮棉油和特色农产品农业气象条件评价、农业气象灾害与病虫害、农用天气预报、作物产量预报等服务指标体系。四是加强物联网自动化农业气象观测、农业气象大数据挖掘应用、农作物面积长势和主要农业气象灾害遥感监测、农业气象灾害预报评估与预警等技术的创新应用，开展重要农产品农业气候区划和农业气象灾害风险区划。五是建设完善“农业天气通”及省级智慧农业气象服务手机客户端，实现个体用户田块位置、种植等用户信息的精准采集，发展基于位置和用户“画像”的智能精准、分类推送的“直通式”农业气象服务。六是试点开展精细化的农业气象灾害风险预报预警服务，细化高温热害、霜冻害、寒露风等农业气象灾害监测、服务指标，制作逐日滚动未来1～10天全国5 km格点的精细化农业气象灾害风险预报客观产品。联合农业农村部门形成农业气象灾害预警发布规范标准，适时发布相应农业气象灾害预警产品。

（三）强化经费使用管理

“十四五”时期，继续争取中央和地方财政支持，保障乡村振兴气象服务专项稳定投入。坚持需求导向、目标导向和效益导向，实现资金投向从县级为主向省市级为主转变，建设任务从“两个体系”建设向业务服务技术水平提升转变，实施单位从普惠式全覆盖向长期稳定重点支持转变，聚焦重点区域、重要农产品，集中有限资金解决实际问题。

（四）发挥专项建设效能

推动地方出台支持乡村振兴气象服务发展的政策措施，带动社会资金、企业资金等投入专项建设。规范农田小气候和实景观测站网管理，明确专项已支持建设的站网设备维护、数据应用的责任部门，省级统筹利用好现有观测数据，专项从严控制设备购买。组织对实施方案和预算编制的指导培训，强化项目实施过程的管理监督。强化专项建设评估及成果转化，组织制定专项建设评估方法，对组织开展专项“互学互查”活动，编制年度专项建设成果集，交流专项建设经验。

（五）加强人才队伍建设

组建国家级农业气象服务专家团队，发挥好示范引领作用。建立完善国、省、市、县多层级农业气象业务服务人员交流锻炼机制，探索打造多支由国家级专家牵头引领，省、市、县多层级农业气象业务服务人员广泛参与的技术创新团队。优化岗位设置、加强绩效考核，加强对基层转岗人员、乡村振兴气象服务管理和业务人员的培训；做好乡村振兴气象帮扶干部人才选派，盘活用好基层现有人才资源，为乡村振兴气象服务高质量发展夯实人力资源基础。

为气象现代化高质量腾飞插上公共算力翅膀

——赴数字山东及国家超级计算济南/青岛中心的调研与思考

曾　沁　盛春岩　房岩松　常　平　黄善斌　刘　鑫

（山东省气象局）

超级计算是当今计算机科学的前沿，是国家科技综合实力的重要标志，是国家创新体系的重要组成部分，也是气象事业的重要战略科技力量。随着气象科学发展进入地球系统时代，超级算力不足已成为制约高分辨率天气模式、气候模式、集合预报等能力发展的瓶颈。

超级计算发展已不能走高功耗通用CPU架构的摩尔定律路径。各国超算纷纷采用兼顾性能与功耗的异构众核[1]架构，这也是绿色可持续发展的必然要求。国外发达气象机构已持续深入开展气象模式异构众核应用研究。欧洲中期天气预报中心（ECMWF）在欧盟超算（EuroHPC）计划支持下，2014年实施IFS模式在GPU和MIC架构上的研究，同时以GPU智能计算为特征的机器学习方法已开始在数值模式从资料同化、物理过程参数优化、模式积分过程订正以及模式输出后处理等全流程应用。亚马逊、微软、阿里巴巴等互联网巨头也纷纷推出（超级计算＋智能计算）的云服务模式，这也给了我们如何实现模式与超算云服务的融合，借“云”出海全球扩大国产数值模式影响力的启示。

我国气象数值模式基本在通用处理器上研发，在异构架构上的应用研究起步较晚，同时还面临并行扩展性不高的问题。业务模式并行规模仅为数千核，与ECMWF等机构十万核并行的业务模式相去甚远。气象部门自建超算周期

[1]为了达到高性能低功耗目的，异构众核系统采用主处理器＋协处理器的体系架构，相对功耗高的主处理器（CPU）负责处理复杂的逻辑控制任务，更低功耗的协处理器负责处理计算密度高、逻辑分支简单的大规模数据并行任务。异构众核有国产神威的主核＋从核的芯片内异构众核和外挂式CPU＋GPU的异构体系。

长，面临的超算架构多（CPU，CPU＋GPU，CPU＋MIC），难以通过自主采购的方式，充分试验不同技术路线与气象数值预报模式的契合度。在当今风云变幻的国际形势和世界格局下，发展运行于“中国芯”的中国数值模式系统，尤为迫切。此外，数值预报输出产品的量级已经从“十三五”初确定性模式为主的100 GB/日，增长到如今全球/区域高分辨率集合预报模式时代的100 TB/日。到2025年，ECMWF仅全球5 km集合预报模式产品每日将接近1 PB。不可大规模迁移、就近处理，已经成为海量数值模式产品应用不可回避的选项。

山东气象发展则面临如何构建深度融入经济社会的发展格局，如何创造有利条件，“举国省之力”服务保障“黄河战略”“新旧动能转换”“海洋强省”。山东省气象局分别于2021年9月13日、11月19日、12月10日，前往山东省大数据局（省大数据中心）、国家超级计算济南中心（以下简称“济南超算”）、青岛海洋科学与技术试点国家实验室（青岛超算所在部门）进行调研。结合气象部门数值预报系统发展和经济社会对精准预报的需求，对搭建部门协同创新平台、让超算赋能气象、气象服务经济社会发展等进行了深入思考，探讨多方共赢的协同创新的可行性，期望通过部门协同创新，让国产超算助力中国模式的快速腾飞，让数字山东助力气象服务经济社会发展。

一、数字山东及超算中心基本情况

（一）数字山东概况

山东省人民政府出台《数字山东发展规划2018—2022年》《山东省“十四五”数字强省建设规划》，每年制定行动方案，从数字基础设施、公共服务平台到大数据应用，全面推动数字政府、数字经济和数字社会发展。济南超算、浪潮公司、移动政务云和联通信创云，共同承担“数字山东”四大核心节点。全省16个地市、有关行业共建30个省级数据中心，形成数联网。其中，济南和青岛建设低延时（路由2跳）连接数据中心。从“数字山东”的核心节点来看，与广东、浙江等地政务云建设有所不同的是，“数字山东”从一开始就具有“国资云”性质。这也为中国气象数据在专网以外的分级分类管理和安全共享服务提供了较为有利的条件。

数字山东实时汇聚各部门共享的数据，如气象、水文、自然资源等，还有交通、公安和港口集团等部门实时汇聚的摄像头视频流（全省120万路，2022年将增加到200万路）。有关数据可以在“数字山东”按照分级权限和各部门提供的接口自由使用。数据分级分类管理，数据分析应用结果可向外出传输。“数字山东”提供了政务云基础设施、大数据管理平台、云原生开发平台和GPU机器学习通用平台支持。

省直属部门使用资源流程是：先申请，经过合理性评估通过后，直接由云服务商提供服务，次年财政结算。中央驻鲁机构（如气象局）使用资源流程是：先申请，经过合理性评估，再由省财政部门审核，通过后由云服务商提供服务，次年财政结算。由此也可以看出，山东省人民政府在支持我国高新技术产业发展、推动新旧动能转换、孵化下游产业方面的大手笔和大格局。

值得注意的是：9月13日调研后，山东省气象局已着手申请用于公共气象服务（海洋气象先行）和公共数据开放的政务云资源，同时通过打通省与16个地市的山东数联网，直接支持各地市政府部门对当地气象数据需求。此外，山东省气象服务中心在数字山东120万路摄像头中精选了公路、港口等区域的视频信号，开展基于机器学习的能见度自动识别等工作。

（二）济南超算简介

济南超算于2011年10月在济南高新区挂牌成立，是我国首台完全采用自主处理器研制千万亿次超级计算机神威蓝光（2011年）的诞生地。济南超算既是国家超算8大中心之一，也是“数字山东”的4大核心节点之一，同时提供超算、智能计算和传统云计算服务。2019年5月，济南超算在济南历城区建成国家超级计算济南中心科技园。同年11月，世界著名物理学家、诺奖得主丁肇中教授担任名誉院长的山东高等技术研究院在超算科技园揭牌。2021年4月，新一代“山河”超级计算平台启用。

济南超算科技园总建筑面积69万平方米，总投资105亿元，科技园一期建设已投资83亿元，其中一期超算设备投资26亿元。机房总面积40000平方米，总的规划机柜数2700个，中心CPU算力60 PFlops，GPU算力1000 Pops，存储系统容量190 PB（Lustre全闪存17 PB），公网出口带宽15 G，双5 G专线接入省政务网。济南超算CPU算力使用的是Intel CPU，X86架构；GPU算力使用NVIDIA的GPU，存储系统是华为品牌。高新园区是神威系列，专注面向国产自主的超算发展。因此，济南超算是HPC-AI融合，进口、国产兼具，并具有政务云计算服务能力的综合性超算中心。

目前，二期工程已破土动工，项目总建筑面积为409743.4平方米，定向建设产业金融、人才和科技服务载体，迅速聚集各类创新资源，布局全周期、全领域、全链条的超算应用服务产业生态链。这也为气象科技成果转化，构建创新链，融入产业链提供了有利条件。

截至2021年，济南超算持续服务天气预报与气候预测、海洋环境模拟分析、信息安全、电磁仿真、工程计算、金融大数据分析、新材料和新能源分析等领域的科研院所、高新技术企业、政府机构等单位用户，成为山东省新一代信息技术、医养健康、高端装备、新能源新材料、智慧海洋等新旧动能转换重大工程“十强”优势产业发展算力引擎。

（三）青岛海洋科学与技术试点国家实验室（青岛超算）

青岛超算目前处于未公开状态，峰值计算能力大幅度超E级（1000 PFlops），采用神威众核CPU。青岛超算与济南超算建设低延时数据中心（路由2跳）连接。通过青岛超算，可共享使用国家实验室的海洋观测数据。

二、政府公共算力的对外合作模式

（一）业务合作模式：让用户更放心

济南超算与其他部门业务中心合作推行VPC模式，如与生态环境部共建国家生态环境大数据超算云中心，通过专用机房或专用分区，提供超算和互联网云计算的一体化服务。数据的运营由部门业务中心自行掌控，并积极提供产品共享服务。济南超算科技园积极引入诺奖、院士团队。目前丁肇中团队、阿达·约纳特团队入驻。山东省政府更着眼于带动超算相关产业和下游市场，山东省级部门通过山东省大数据局提出资源申请，经审核，符合国家、地方重大战略需求、服务地方经济社会发展的，免费使用，财政支付。国家级部门专业中心（如中国环境监测总站、天眼FAST团队），一般形成战略合作，不采用原始机时租赁的收费方式。山东省气象局与济南超算曾经合作申请山东省科技厅项目，有1条1 Gbps光纤接入济南超算（高新区），在原来“神威蓝光”并行机上运行4 km集合预报模式，作为超算试验项目，按照业务化的模式向预报业务实时提供预报产品。济南超算目前有大气海洋环境专业博硕士6人团队，超算系统运维20多人团队，形成“通用＋专业”的运维保障团队。随着数据中心运维自动化、智能化程度的不断提升，济南超算对公共算力的运维保障能力，亦不再停留在过去“周末出故障，周一再看看”的时代了。

（二）业务运行情况：环境模式为例

济南市政府与中国环境监测总站联合建设国家生态环境大数据超算云中心，提供高性能计算资源服务（生态环境部需求），并以此形成国家、省、市生态环境大数据的聚汇、挖掘和综合应用能力，为各级打赢污染防治攻坚战提供强有力的技术支持（山东省政府需求，山东省环保厅空气质量业务与之衔接）。所以，目前没有收费。

目前国家生态环境大数据超算云中心与中国环境监测总站以1 Gbps高速光纤链路连通，使用252个计算节点14000多计算核心，1 PB的高速在线存储，10 PB的对象存储，20余台应用服务器以及7×24小时的技术支持。国家环境质量预测预报平台（WRF-CHEM，CMAQ等模式）、国家环境质量统计预测预报平台（统计方法与机器学习等后处理系统）、国家空气/生态质量监测业务（生态环境实况分析与监测）以及“冬奥会”重大活动保障业务，相关产品直接利用“数字山东”政务云资源全社会发布，不需要来回传导数据。现阶段每天进行1次预报业务，各作业任务以ECFLOW调度，运行情况良好。通过运维日志发现，总体而言，如今的超算中心运行保障能力已经基本健全，按照7×24小时的业务模式运作。

（三）科研合作模式：协同创新平台

济南超算通过联合新型研究型机构的方式，与其他部门开展科研合作。目前，以“深入打好污染防治攻坚战”为目标，中国环境监测总站、国家超级计算济南中心、山东省生态环境厅、济南市生态环境局和北京师范大学五家单位联合组建不纳入机构编制管理的事业单位——生态环境超算科技研究院。研究院设独立法人，采用院企一体化的建设模式，思路是边建设、边招聘、边科研、边产业化，围绕生态环境数据资源整合、智慧监测创新应用、AI算法模型研究、标准制度建设、科技成果转化开展工作。研究院科研人员工作场地由济南超算提供。

三、数字政府公共算力的发展趋势

（一）政府公共算力平台成为科研协作的空间

《中共中央关于坚持和完善中国特色社会主义制度，推进国家治理体系和治理能力现代化若干重大问题的决定》中指出，“构建社会主义市场经济条件下关键核心技术攻关新型举国体制”。新型举国体制至少体现在以下三个方面：有效市场与有为政府的更好结合，更加充分的政产学研用结合；更加显著的全球化特征，统筹安全与发展下的全球协作；更加重视创新和技术攻关，特别是跨界碰撞产生的新兴领域创新触发新经济增长点。气象发达国家，如美国NOAA也建立了地球系统创新中心（Earth Prediction Innovation Center，EPIC），推动与科学界和企业界的合作，利用各自的优势和资源，构建统一的地球系统数值预报模式（UFS）研发和应用的R2O（研究到业务）社区。

山东省以实施“超级计算”大科学工程为抓手，建设国内首个超算科技园，目标是培育具有国际竞争力的新兴产业集群，到2025年，以超算科技园为核心，辐射带动全市超级计算应用服务产业产值达到1000亿元。政府支持建设超算基础设施，其意不在成本回收、商业收益，而在于打造山东省新旧动能转换的重要引擎，看重的是数字经济发展的未来。未官宣的青岛超算将在海洋科学、海洋工程、海洋生物等领域发挥重要作用。气象部门落实习近平总书记重要指示，加快科技创新，推进“监测精密、预报精准、服务精细”，历来是国家超算重要用户。气象筑牢防灾减灾第一道防线，便是国家改革开放成果和经济社会平稳运行的守护者，自然能吸引大量社会力量开发和利用海量数值天气预报数据以及新能源、生态环境、陆港航交通、智慧城市、海上粮仓等领域的专业模式数据产品，也同样能吸引高等院校（如三度斩获高性能计算领域最高奖——戈登·贝尔奖的中国超算应用团队）在地球系统多圈层耦合模式的大规模并行可扩展计算上展现中国力量。

（二）政府公共算力平台成为融入发展的通道

气象服务是气象事业的出发点和最终归宿。气象服务在“十四五”期间将转向“数字化、智能化”的发展方向，完成“外挂式”向“融入式”发展。数字化、智能化的本质就是以气象大数据为基础，多领域数据融合分析应用。随着对数据安全的愈发重视和对数据价值的更深认识，政府各部门所持有的政府数据通过传统“你来我往”的交换模式共享越发困难。

近年来，数据立法进程加快，国家层面《网络安全法》《数据安全法》《个人信息保护法》陆续出台，地方层面《公共数据管理条例》也相继印发实施，政府已经开始将“公共数据中心建设”纳入“新型基础设施建设”（新基建）的一部分。公共算力平台明确：数据可以充分共享使用，但不能全部下载导出。跨领域数据“不为所有，为我所用”的融合应用，数字政府成为最佳场所。同时，气象与各部门融合分析应用结果通过数字政府通达各部门、各市数据节点，为气象筑牢“防灾减灾第一道防线”有效争取了时间量。

（三）政府公共算力平台兼具弹性和安全优势

国家发改委2020年印发《关于加快构建全国一体化大数据中心协同创新体系的指导意见》，接着出台《全国一体化大数据中心协同创新体系算力枢纽实施方案》，政府投资向集约化的算力枢纽而不是部门倾斜，已成趋势。在合理维持部门超算周期性迭代资源的前提下，有组织、大规模地在国家算力枢纽布局我国数值预报（计算密集型）、人工智能（数据密集型）科研与业务，正当其时。

首先，国家算力枢纽的资源远大于部门拥有的资源，资源调度有弹性，非常适合气象科学研究、地球多圈层耦合气候模式、气象人工智能训练等实时性相对不高的领域使用。由于超算中心本身是数字政府的组成部分，同样适合高频次更新的中小尺度模式及其解释应用产品运行，具有融入数字城市、数字应急的先天优势，以及通过政务云服务向全球、全社会发布的通道，有效缓解气象部门自建互联网DMZ区资源优先、服务弹性小、重大过程高访问时期的性能瓶颈等问题。

其次，超算中心具有多种安全等级的计算服务，从物理独立机房、虚拟私有云（VPC）到部门共享区、社会开放区等多种组合。部门可以根据业务和科研的性质选择服务。超算中心的数据管理实施安全和权限的“分级分类”管理，确保用户对敏感数据放心。当然，数字山东还具有“国资云”性质，对于气象作为国家关键基础设施信息保护再添一把“安全锁”。

最后，随着数据中心、超算中心运维保障自动化、智能化水平的提升，超算中心也在普遍吸取了以往超算运维保障问题的基础上，加强了通用保障和面向专业领域的运维保障能力。气象部门普遍担心的“全天候运行”的保障顾虑也大大减小。

四、探索多方共赢的协同创新建议

目前济南超算既有基于X86架构的大规模并行超算系统，也有基于GPU加速的智能计算系统，还有在济南高新园区/青岛海洋国家实验室的国产神威系列超算，是我国数值预报模式发展很好的算力基地。目前在起步时期，正是筑巢引凤阶段，政策条件也比较优惠，加之山东省气象局与有关团队曾有过良好的合作经历，也是济南超算的成功用户，应抓住共赢契机，再续合作。

（一）探索气象部门争取地方政府支持的新模式

气象现代化建设，观测系统、气象信息化系统之和占了总建设资金规模的8成以上。随着国家推进信息化、大数据中心的集约化发展，地方政府对气象部门信息化基础设施建设的投入收紧。随着政府各部门在地球系统的监测手段和能力不断提高，应该认真思考并谋划统筹用好各部门的监测资源。此外，随着网络安全法、数据安全法和个人信息保护法的实施，国务院网络数据管理条例征求意见，山东省人民政府出台《山东省公共数据管理办法》，如何统筹好数据的安全与发展问题，值得重视。

算力设施提升：山东省气象局积极推进超算、政务一体化云资源申请使用，用于公共气象服务能力提升、本地化高分辨分析与预报模型的运行以及支持山东省气象局和中国气象局青岛海洋气象研究院的科研和业务转化活动。

监测能力提升：积极利用政务云的数联网能力，加大对各部门共享数据的现场获取、现场使用，将分析结果融入全省气象监测系统。从简单“政府投资建设”的模式之外，探索一条“不为所有，为我所用”的模式，并积极评估产生的效果和效益。同时积极探索国家、中国气象局和地方政府关于数据安全管理的公约数[1]，统筹安全与发展，发挥高价值“气象数据集”作用。

（二）探索国家超算中心运行地球系统业务模式

中国气象局：利用超算中心超算、运算一体化服务的优势，运行地球系统区域（集合）数值预报模式，实现模式、后处理和产品发布一体化。在海量数据难以移动的时代，ECMWF、EUMETSAT等已经开始探索欧洲天气云、欧洲绿色发展数据空间等模式，提供地球系统大数据、AI算法与算力的一体化服务。

山东省政府：高时空分辨率模式与专业模型耦合，与“数字山东”直通，服务黄河流域生态保护高质量发展，服务平安山东，服务海洋强省（陆港航交通、海洋产业、海洋生态）以及济南大城市群（精细化气象防灾减灾能力）、山东半岛城市群龙头等。

---

[1] 气象数据按《政务信息资源共享管理暂行办法》可与政府部门充分共享，但一般协议约定不能再次转发公开。从各地出台公共数据管理办法看，很难实施操作。如果利用数字政府资源，借助数字政府分级分类管理机制，气象部门主动运营数据共享和数据开放，则能够有效兼顾国家数据“开放是原则，不开放是例外”的要求和气象数据安全管理的要求。

山东省气象局：依托国家高时空分辨率模式和卫星遥感数据开展面向生态、海洋、流域、城市群以及新能源的耦合模型研发，服务陆海黄经济社会发展，支撑防灾减灾第一道防线建设。

济南/青岛超算：与气象局合作，向政府、行业和社会开放地球系统多圈层高分辨率分析与预报数据产品（接口）及在线研发能力，赋能各行各业开发利用高价值气象数据产品，实现成果转化，同时确保了数据安全。济南/青岛超算发挥自身优势，组织开展面向地球系统的大规模并行计算、超算资源的精细化调度等研究工作。

（三）大规模并行的地球系统模式联合研发应用

国家新近修订了《中华人民共和国科技进步法》，明确“健全社会主义市场经济条件下新型举国体制，充分发挥市场配置创新资源的决定性作用”。利用国家公共科技条件平台，探索成立“政用产学研”五位一体的新型研发机构，联合中国气象局地球系统数值预报中心、济南超算、山东省气象局、山东省能源局、清华大学等单位，共同申请国家重大研发项目，探索多圈层地球系统模式的高效能、大规模并行计算架构，研发基于GPU/ML的模式同化、物理过程参数化和模式后处理算法，研究区域高分辨率模式与生态、海洋、城市群和新能源需求耦合的高分辨专题产品，加速向防灾减灾第一线、经济主战场输送，是一个很好的高性能数字试验场。能源局也曾提出高分辨率模式服务电力、电网调度，可从超算中心电费优惠角度再给予支持。

丁肇中团队在济南超算的高等技术研究院，与欧洲核子研究中心（CERN组织）实现互联互通，共同加强阿尔法磁谱仪（AMS）数据在探索宇宙暗物质/反物质分析应用。美国超级计算机顶点（Summit）和山脊（Sierra）也多次成为欧洲-美国科学家联合开展“数字孪生地球，DTE”的试验场。依托社会公共科技条件平台，有助于直接融入“面向世界科技前沿、面向经济主战场、面向国家重大需求、面向人民生命健康”的科技创新链条，吸引国际顶尖气象界科学研究机构（如欧美的数值预报中心、德国马克斯·普朗克研究所等）共同开展研究。多元参与机制也有助于站在国际视野、多部门视角，健全和发展保护知识产权的制度环境，更好实施“创新质量、贡献、绩效为导向”的科技成果评价体制。

辽宁省气象部门优秀年轻干部队伍建设工作调研报告

张彦平　李长青　王　馨　马骏驰　刘　锋
沈芯璐　贾玉菲　曹铭书　马鑫

（辽宁省气象局）

为进一步落实党的十九大、新时代党的组织路线关于优秀年轻干部队伍建设要求和习近平总书记关于优秀年轻干部队伍建设重要论述，根据辽宁省气象局党组2021年调研部署，对部分基层气象局开展了实地调研，与相关单位处级领导干部、科级领导干部、一般工作人员进行了座谈，发放调查问卷1480余份，了解和掌握了部分单位优秀年轻干部队伍建设现状、存在问题。以期通过此次调研，对省气象局党组管理的干部现状、干部精神状态和工作情况有全面深入的了解，为局党组改进和加强优秀年轻干部队伍建设工作提出意见和建议。省气象局党组成员、副局长张彦平任组长，组成调研组，制定了调研工作方案，深入鞍山、本溪、营口、锦州、阜新、铁岭、盘锦、葫芦岛等市气象局及其所属县局，以及省气象台、省气象信息中心、预警中心等单位开展调研。

一、调研背景及方式方法

（一）调研背景

2020年8月，中国气象局与辽宁省人民政府召开第三次联席会议并签署合作协议；2020年12月，辽宁省政府出台《辽宁省人民政府关于加强新时代气象工作的意见》；2021年5月，辽宁省气象局印发《气象强国辽宁践行实验区建设方案》；2021年8月，辽宁省气象局、辽宁省发展改革委联合印发《辽宁省“十四五”气象发展规划》；2021年，省气象局被中国气象局列为高质量气象现代化建设先行试点省份，对立足新发展阶段，贯彻新发展理念，服务和融入新发展格局，推动辽宁气象事业高质量发展，服务保障辽宁全面振兴、全方位振兴提出了新的更高的要求，为了落实上级党组和地方党委政府各项工作部署，加快推进气象现代化建设，为地方经济社会发展提供高质量的气象保障，需要一支能力过硬、忠诚干净担当的干部队伍特别是优秀年轻干部队伍保障。

（二）调研方式方法

1．数据分析

对省气象局党组管理的领导干部和优秀年轻干部的学历、专业、分布等情况汇总分析。

2．座谈

深入部分省气象局直属单位和市气象局，与干部职工座谈，了解优秀年轻干部现状，推进优秀年轻干部队伍建设做法、存在的问题等。

3．问卷调查

设计调查问卷，全面了解全省气象干部职工对省气象局党组优秀年轻干部队伍建设工作的看法和意见建议。

（三）调研对象

全省气象部门干部职工。

二、全省气象部门优秀年轻干部队伍现状

（一）全省气象部门优秀年轻干部动态调整情况

根据《中共中国气象局党组关于适应新时代要求大力发现培养选拔优秀年轻干部的实施意见》（中气党发〔2018〕77号），省气象局党组进一步加强了优秀年轻干部队伍建设，2018年以来大力培养选拔优秀年轻干部，每年度党组经集体研究后动态调整优秀年轻干部队伍名单，2021年调整后，全省气象部门纳入中国气象局党组管理和省气象局党组管理的优秀年轻干部共74人。

（二）全省气象部门优秀年轻干部分布情况

现有的74名优秀年轻干部中，正处级领导干部10人，副处级领导干部25人，正科级领导干部39人。省本级43人，市级31人。45岁以下正处级领导干部3人，省气象局直属单位2人，市气象局1人；40岁以下的副处级领导干

部 9 人，省气象局机关 2 人，省气象局直属单位 3 人，市气象局 5 人；35 岁以下的正科级领导干部仅 3 人，均在市气象局。

研究生以上学历（学位）12 人，其中博士 3 人，本科学历、硕士学位 3 人，本科学历、学位 59 人。专业分布上，气象类 44 人，气象相关类 8 人（气象类和气象相关类占 70%），信息技术类 10 人，综合管理类 6 人，财务会计类 4 人，数学物理类 1 人，机械工程类 1 人。

三、省气象局党组优秀年轻干部队伍建设主要做法

（一）加强优秀年轻干部队伍的分析研判

强化党管干部原则，坚持把党的政治建设摆在首位，与省气象局党组管理的领导班子和领导干部队伍建设同谋划、同部署优秀年轻干部队伍建设工作，每年结合对省气象局党组管理的领导班子和领导干部分析研判，同步分析研判省气象局党组管理的优秀年轻干部队伍建设情况，将优秀年轻干部培养、选拔、任用与优化领导班子和领导干部队伍统筹，分单位分析优秀年轻干部队伍现状和存在问题，动态调整省气象局党组管理的优秀年轻干部名单。

（二）多岗位锻炼优秀年轻干部

开展“纵向”挂职和交流锻炼工作。2018 年起，实施大规模优秀年轻干部挂职和交流锻炼工作，通过“上挂下派”的方式，每年安排处级干部到中国气象局机关和直属单位等挂职锻炼，安排一定数量的市、县两级优秀年轻干部到省气象局机关和省气象局直属单位挂职和交流锻炼，安排省级气象部门干部到基层任职，截至 2021 年，已安排干部 58 人。用好中国气象局政策，选送优秀专业技术干部到中国气象局直属单位交流访问，截至 2021 年，已有 15 人完成交流访问任务。召开不同层级优秀年轻干部座谈会，宣讲解读新时代党的组织路线和习近平总书记干部工作有关论述，为优秀年轻干部成长提供指导。

开展“横向”挂职锻炼工作。选派优秀年轻干部参与东西部人才交流锻炼、援疆援藏援沙交流锻炼和驻村扶贫交流锻炼。2018 年以来，已有 9 名科级以上干部和专业技术人员执行援派任务。根据中国气象局要求，安排 5 名处级以下干部到其他省（区、市）气象部门挂职锻炼。有针对性地选派优秀年轻干部到重点项目、重点工程、重大规划的关键岗位接受历练，对表现突出的干部有针对性地跟踪培养。

强化优秀年轻干部的教育培训。将优秀年轻干部教育培训工作纳入年度教育培训计划，实施“辽宁气象年轻干部综合素质提升计划”，每年定期举办科级领导干部任职培训班，围绕培养数量充足、充满活力的高素质专业化气象年轻干部队伍，把培养政治素质放在首位，以提升理想信念、思想道德、优良作风为重点，抓好理论武装和党性锻炼，2021 年完成优秀年轻干部教育培训的首轮全覆盖。积极创造条件选派优秀年轻干部参加以提升领导力和管理能力为主题的相关培训，已有 11 名优秀年轻干部参加中国气象局组织的培训（其中：正处级 3 人，副处级 3 人，正科级 5 人）。

（三）及时启用优秀年轻干部

及时启用优秀年轻干部，不断优化领导班子和干部队伍年龄结构。2018 年以来，纳入中国气象局党组管理和省气象局党组管理的优秀年轻干部有 23 人走上上一级领导岗位，5 人提任正处级领导干部，18 人提任副处级领导干部，占全部提拔干部的 59%。省气象局党组管理的领导班子中，45 岁以下的正处级领导干部有 3 人。2021 年已提任的 9 名省气象局党组管理的干部中有 7 名优秀年轻干部，占 78%。

（四）加强优秀年轻干部的监督管理

坚持严管和厚爱相结合。完善领导干部谈心谈话工作机制，经常性地与年轻干部进行谈心谈话，了解年轻干部思想动态，发现苗头问题及时予以指导、疏导和纠正，有针对性地开展年轻干部政治思想工作和意识形态教育工作，随时关注年轻干部成长。主动了解需求、化解积郁，为他们排忧解难，鼓励他们在工作中提出新思想、发现新问题、化解新矛盾，关心年轻干部的生活，帮助他们解决生活中的实际困难，让年轻干部切实感受到党组织的温暖。

激励优秀年轻干部担当作为。制定鼓励创新、岗位竞聘、人才交流培养等制度文件，将激励优秀年轻干部担当作为工作纳入年度目标考核任务，积极引导年轻干部成长进步，推荐优秀年轻干部参加业务竞赛、挂职锻炼、演讲比赛等活动，并择优推选参加中国气象局交流锻炼、东西部人才交流锻炼和援疆援藏援沙等，为激励优秀年轻干部担当作为提供平台、搭建舞台。在干部提拔、职级晋升、职称评审上向表现优秀、敢于担当作为的优秀年轻干部和服从安排执行援疆援藏援沙任务的优秀年轻干部倾斜，优先推荐优秀年轻干部评优评先、参加高层次人才工程评选。选出敢于担当作为的优秀年轻干部作为先进典型，大力宣传报道，激励广大干部见贤思齐、奋发有为，形成争先创优、敢于担当、善于作为的良好氛围。

四、问卷调查问题统计分析

调研组结合辽宁省气象部门实际，设计了调查问卷，问卷设置了14个关键问题，截止日期内有效填写人次1482人次，对问卷设置的14个关键问题反馈意见，汇总统计分析如下：

对“所在单位的党组（领导班子）是否重视发现培养选拔优秀年轻干部工作”，89.14%的人回答“重视”，10.86%的人回答“不重视”。

对“所在单位的党组（领导班子）是否召开党组会议（领导班子会议）专题研究优秀年轻干部培养事宜”，49.73%的人回答“是”，2.83%的人回答“否”，47.44%的人回答“不了解”。

对“所在单位的党组（领导班子）是否明确了培养锻炼选拔优秀年轻干部的具体方式”，48.58%的人回答“是”，4.39%的人回答“否”，47.03%的人回答“不了解”。

对“所在单位的党组（领导班子）是否注重通过谈心谈话等方式及时了解年轻干部思想动态”，85.36%的人回答“是”，14.64%的人回答“否”。

对“所在单位的党组（领导班子）是否注重发现年轻干部成长过程中出现的问题并及时予以指导、疏导和纠正”，85.22%的人回答“是”，14.78%的人回答“否”。

对“所在单位的党组（领导班子）是否积极加强优秀年轻干部交流锻炼（如选派年轻干部到省级、市级、县级气象部门挂职锻炼）”，85.76%的人回答“是”，14.24%的人回答“否”。

对“所在单位的党组（领导班子）是否重视引领年轻干部提高政治素质和业务水平”，91.03%的人回答“是”，8.97%的人回答“否”。

对“所在单位的党组（领导班子）是否敢于把优秀年轻干部放到重要岗位任职”，87.65%的人回答“是”，12.35%的人回答“否”。

对“所在单位的党组（领导班子）是否制定了针对年轻干部成长进步的激励措施”，70.78%的人回答“是”，29.22%的人回答“否”。

对“当前在发现培养选拔优秀年轻干部工作中存在哪些突出问题”（多选，最多选三项），45.07%的人回答“年轻干部总体数量不足”，29.69%的人回答“年轻干部队伍年龄结构不合理”，23.14%的人回答“年轻干部区域分布不均衡”，20.04%的人回答“年轻干部能力不能满足事业发展需求”，18.96%

的人回答“干部选拔任用上论资排辈严重”，42.58%的人回答“机制不活，导致一部分优秀年轻干部得不到更好的使用”，7.15%的人回答“单位氛围不好，领导班子不重视干部培养工作”，9.11%的人回答了其他选项，主要集中在地方编制人员职务晋升空间小、职称评审难度高、锻炼机会少等方面问题。

对“从管理部门的角度看，当前制约发现培养、选拔优秀年轻干部的因素是什么”（多选，最多选两项），32.86%的人回答“缺少有效的举措”，23.75%的人回答“思想认识不到位，对优秀年轻干部培养没有长远规划”，19.37%的人回答“缺少主动谋划，被动应付较多”，20.51%的人回答“论资排辈、平衡照顾的做法依旧存在”，51.89%的人回答“体制机制制约多，比如岗位职数有限、交流渠道不畅等”，有7.89%的人回答了其他选项，主要集中在人员流动不畅、新老交替滞缓、干部队伍年龄老化严重等方面问题。

对“您身边的优秀年轻干部是在最合适的时候得到任用了吗”，39.47%的人回答“被及时启用”，12.69%的人回答“没有被启用”，22.54%的人回答“任用了，但不及时，错过了‘黄金时间’”，另有25.3%的人回答“没了解过这件事”。

对“如何让组织更好地及时发现优秀年轻干部”（多选，最多选三项），40.35%的人回答“上级组织部门可通过专项调研等方式，重点关注、有针对性地发现一批优秀年轻干部”，50.07%的人回答“加强日常了解、平常考察和年度考核，发现一批可重点关注的年轻干部人选”，41.09%的人回答“按照干部管理权限，每年干部调整要有一定比例的岗位面向优秀年轻干部”，29.35%的人回答“推动优秀年轻干部培养制度化常态化”，15.86%的人回答“在推进干部合理流动中发现优秀年轻干部”，29.22%的人回答“完善优秀年轻干部动态调整机制，有针对性地发现培养优秀年轻干部”，15.99%的人回答“将优秀年轻干部工作纳入单位或领导班子特别是一把手的年度考核”，3.98%的人回答“其他建议”，具体内容包括建立交流机制、搭建交流平台等。

对“交流锻炼和到基层任职，您觉得哪种方式更有助于培养锻炼年轻干部”，24.97%的人回答“都一样”，39.68%的人回答“交流锻炼更有利于培养锻炼年轻干部”，28.54%的人回答“到基层任职更有利于培养锻炼年轻干部”，另有6.82%的人回答“都很难起到作用”。

五、优秀年轻干部队伍建设存在的问题

通过数据分析、座谈、问卷调查发现，目前，全省气象部门优秀年轻干部

队伍建设存在以下问题。

（一）对加强优秀年轻干部队伍建设重视不够

通过联合检查、问卷调查、实地调研发现，相当比例的被调查人对本单位党组（领导班子）在优秀年轻干部队伍建设方面的工作不了解，《中共辽宁省气象局党组管理的领导班子和领导干部分析研判实施办法（试行）》印发后，绝大部分没有集中分析研判优秀年轻干部队伍建设问题，反映党组（领导班子）在贯彻落实优秀年轻干部队伍建设工作要求上乏力，对优秀年轻干部队伍建设不重视、缺乏长远规划，推进优秀年轻干部队伍建设的举措不多。

（二）领导班子结构老化

领导班子队伍中优秀年轻干部总量严重不足，领导班子结构老化。省气象局党组管理的领导班子和领导干部中，已配备的38名正处级领导干部平均年龄51.3岁（年龄最大的不足半年到龄退休），其中省气象局机关50.8岁，省气象局直属事业单位46.3岁，沈阳、大连市局54.6岁，其他12个市气象局54.9岁，45岁以下的正处级领导干部4人，占10.5%。已配备的73名副处级领导干部平均年龄47.5岁（年龄最大的不足1年到龄退休），其中省气象局机关43.83岁，省气象局直属事业单位47.48岁，12个市气象局48.36岁，40岁以下副处级领导干部10人，占13.7%。

另外，县（市、区）气象局领导班子成员老化严重，现有人员平均年龄48.1岁，超过省气象局党组管理的副处级领导干部平均年龄，且配齐率偏低，全省现有51个县（市、区）气象局中，领导班子成员全部配齐的有26个，仅占51%，其余25个县（市、区）气象局缺1名班子成员，班子成员空缺的多为艰苦边远地区气象局。

（三）现有年轻干部素质参差不齐

高学历、专业化人才流失严重导致人员补充不足。高学历、专业化人才引进困难、流动失衡，受地域、待遇、生源供应不足等客观条件限制，近5年，辽宁省引进博士毕业生仅2人，专业分别为大气物理学与大气环境、气象学；基层招录和培养的硕士以上学历人员流失严重，近5年来，共流失19人，其中，沈阳市气象局、大连市气象局8人，其他地级市11人，19人中，全日制硕士以上学历17人，在职培养硕士以上学历2人。

部分年轻干部能力不强。部分新录用大学毕业生角色转变出现障碍，加上入职前实践锻炼不够，动手能力较差，难以适应岗位需求，能力水平与学历不对等。

学历、专业分布不均衡。研究生以上学历（学位）和大气科学及相关专业人员多集中在省级、副省级气象部门，全省气象部门硕士研究生以上学历人员398人，省本级占比56.5%，副省级气象部门占比16.8%，其他市气象部门占26.7%。

（四）优秀年轻干部储备不足

目前，省气象局11个直属事业单位中，辽宁省气象台、辽宁省气象装备保障中心、辽宁省生态气象和卫星遥感中心共3个单位有35岁以下正科级领导干部，辽宁省气象信息中心、辽宁省气象装备保障中心共2个单位有30岁以下副科级领导干部。各直属单位均没有30岁以下正科级领导干部。

沈阳市气象局、大连市气象局均没有45岁以下正处级领导干部，40岁以下副处级领导干部8名，35岁以下正科级领导干部4名。

其他12个市气象局中，鞍山、锦州、营口、阜新、辽阳、铁岭、盘锦共7个市气象局有35岁以下正科级领导干部，鞍山、抚顺、营口、辽阳、铁岭、朝阳共6个市气象局有30岁以下副科级领导干部。各市气象局均没有30岁以下正科级领导干部。

（五）实践锻炼机制不健全

尽管省气象局党组2016年出台《辽宁省气象局干部挂职管理办法》，2018年开始实施大规模年轻干部挂职和交流锻炼工作，通过安排优秀年轻干部挂职和交流锻炼提高综合素质，但受客观条件制约，只能为少数优秀年轻干部提供岗位交流和实践锻炼的机会，而且多层次、深入的干部交流锻炼和干部到急难险重岗位、到艰苦边远地区锻炼机制尚未完全建立。随着工作任务量的大幅增加，气象事业高质量发展和高水平保障辽宁全面振兴全方位振兴对人员素质的要求越来越高，加上基层人员短缺问题突出，一定程度上对干部的轮岗、交流形成制约。

六、加强优秀年轻干部队伍建设的意见或建议

（一）进一步落实党管干部原则

以习近平新时代中国特色社会主义思想为指导，深入学习领会习近平总书

记关于气象工作和关于东北、辽宁振兴发展的重要讲话和重要指示批示精神，学习领会习近平总书记在庆祝中国共产党成立100周年大会上的重要讲话精神，立足新发展阶段、贯彻新发展理念、服务和融入新发展格局要求，深入贯彻落实新时代党的组织路线，始终把抓好优秀年轻干部队伍建设作为干部工作的重中之重，按照“建设一支忠实贯彻新时代中国特色社会主义思想、符合新时期好干部标准、忠诚干净担当、数量充足、充满活力的高素质专业化年轻干部队伍”要求，强化对优秀年轻干部队伍建设的组织领导和统筹安排，聚焦“选育管用”各环节，强化对优秀年轻干部的理想信念教育和实践锻炼，统筹用好专项考核、综合考核、平时考核、年度考核、巡视巡察、审计信访以及个人事项报告查核等各方面信息，根据岗位要求，探索实施差异化考察，考准考实优秀年轻干部，进一步提高年轻干部的政治判断力、政治领悟力、政治执行力，激发年轻干部的干事创业热情，增强干部队伍的生机和活力。

（二）健全优秀年轻干部选育管用全链条机制

强化党管干部原则，继续实施省气象局党组掌握的优秀年轻干部动态管理，进一步加强对优秀年轻干部队伍建设的分析研判，及时补充调整。着眼今后5～10年干部队伍建设需要，统筹分析提出优秀年轻干部数量、比例、专业和年龄结构布局，有针对性地制订优秀年轻干部年度和中长期培养计划，对有发展潜力的优秀年轻干部实施跟踪培养。建立和完善结合日常工作发现识别优秀年轻干部的常态化机制。加强对全省优秀年轻干部队伍建设的宏观指导，进一步完善干部交流锻炼工作机制，结合中国气象局优秀年轻干部培养锻炼措施，修订《辽宁省气象局干部挂职和交流锻炼管理办法》。将优秀年轻干部队伍建设工作纳入领导班子年度考核内容，推动各单位领导班子履职担当。

（三）大力发现储备优秀年轻干部

按照习近平总书记在党的十九大报告中“注重在基层一线和困难艰苦的地方培养锻炼年轻干部，源源不断选拔使用经过实践考验的优秀年轻干部”要求，鲜明树立重实干重实绩的用人导向，做好优秀年轻干部的储备，注重多角度、多侧面发现优秀年轻干部，坚持基层和实践导向，坚持在一线岗位培养干部，在关键时刻识别干部，注重在完成重大任务的实践中、在推动气象事业高质量发展、发挥气象防灾减灾第一道防线作用中发现担当作为、成效显著、有发展潜力的干部，重点关注30周岁以下、作风踏实、善于创新创造、敢于担当作为、有较高学历的优秀年轻干部，把那些政治忠诚、敢于担当的年轻干部筛选出来，建好台账，有计划地进行重点培养，在选拔任用、职级晋升、评先评优等中优先考虑、及时启用。加强对领导班子配备需求和优秀年轻干部储备情况分析研判，优化干部资源配置，坚持老中青梯次配备。统筹分析领导班子和领导干部队伍，处理好培养选拔优秀年轻干部和用好各年龄段干部的关系，充分调动整个干部队伍积极性。

（四）加大优秀年轻干部培养锻炼力度

把坚持理想信念与提高专业素养相结合，把教育培训与实践锻炼相结合，加强优秀年轻干部的思想淬炼和政治历练，把政治素质培养放在首位，充分发挥中共中国气象局党校辽宁分校作用，强化优秀年轻干部理论武装和党性锤炼，不断增强干部的政治定力、纪律定力、道德定力、抵腐定力；强化优秀年轻干部的实践锻炼和专业训练，突出“一线锻炼”，每年根据需要和年轻干部队伍实际，选择一定数量的优秀年轻干部到基层一线、艰苦边远地区、重大项目、难点工作中挂职和交流锻炼，开展援青援疆援藏、驻村工作，让年轻干部直接面对矛盾和问题，切实在振兴发展、服务群众的最前沿历练才干、磨砺意志、锤炼品性，促进年轻干部提高驾驭复杂局面和解决实际问题的能力。

（五）强化对优秀年轻干部的监督管理

坚持严管与厚爱相结合，强化日常跟踪了解，经常性、近距离、多角度深入了解干部一贯表现，加强干部年度考核和平时考核，跟踪关注干部在重点领域、关键环节的担当作为表现。发挥考核评价“指挥棒”作用，强化考核结果分析、应用和反馈机制，加大担当作为在干部考核评价和选拔任用考察中的比重。落实好年轻干部谈心谈话制度，及时了解年轻干部的思想动态，关注干部苗头性倾向性问题，发现问题早提醒、早纠正，帮助年轻干部克服不敢担当、不愿作为、“坐等提拔”等消极思想。用好函询、诫勉等制度，推进容错纠错，综合运用考察、审计、纪检监察、巡视巡察等手段，对符合容错条件的干部及时容错，支持担当作为干部干事。健全表彰奖励制度，对在急难险重任务中冲锋在前、作出显著成绩和卓越贡献的年轻干部及时予以表彰，充分调动年轻干部积极性、主动性、创造性。

全媒体时代气象信息传播安全治理的挑战与思考

王德鸿

（绍兴市气象局）

2020 年 4 月 8 日凌晨，绍兴越城、柯桥山区遭遇霜冻害，在气象部门提前发布霜冻灾害预警的情况下，一家茶企因为采信手机自带天气信息没有采取任何防范，造成大量待采茶叶被冻伤，经济损失达到 3000 万元。此次茶企受灾事件，凸显了当前国内气象信息传播中的混乱，也从深层次反映了当前气象信息安全治理的隐患和弊端，需要引起各级党委政府的重视和气象部门的关注。本报告拟在调查国内外气象信息安全治理现状的基础上，重点分析全媒体传播对气象信息安全的冲击以及当前气象信息传播中存在的问题，以期为进一步规范气象信息传播、提高公众气象服务质量提供参考。

一、气象信息传播安全治理现状

天气预报与人民生产生活和经济社会发展息息相关，气象灾害预警是政府部门防灾减灾的重要前提和关键环节，对气象信息的发布与传播事务进行规范、监督与管理是国际普遍共识。但是由于气象服务体制差异，国内外对气象信息安全治理的形式和程度也有所区别。

（一）国际层面

1. 天气预报传播协同合作

根据气象服务管理体制和公私气象部门关系的不同，发达国家气象服务可分为公私分明型、公私竞争型和国家垄断型。除新西兰的国家气象部门整体改制为气象服务公司，公益气象服务由国家购买外，国外其他国家均保留了政府气象部门开展基础性、公益性气象服务，并将气象数据实时共享至私营气象公司，气象公司再根据用户需求进一步加工处理并面向行业领域开展服务。为最大程度确保私营气象公司预报信息的科学性和规范性，上述国家对气象公司实行严格的准入审批和常态化业务学术交流，形成国家气象部门和私营气象公司分工明确、合作共赢的气象信息传播体系。但是该模式也有其弊端，大型私营气象公司往往话语权过高，容易操控舆论引发混乱，如美国 AccuWeather 公司在 2019 年年初发布天气展望报告，声称“美国年内将迎来 1075 场龙卷”，遭受气象同行的一致批评，认为报告没有任何科学依据，纯属误导公众。

2. 气象灾害预警严格管控

相较于天气预报的多元服务模式，各国对气象灾害预警发布实行严格管控，均立法明确国家气象部门的业务台站是灾害预警的唯一合法发布主体。如日本《气象业务法》第二十三条规定：“气象厅以外的人，不得警报气象、地震、火山现象、海啸、海浪和洪水。”又如德国《气象服务法》规定：“气象数据、产品和特殊服务的传播，尤其是根据德国气象局第 4 段第 1 款第 3 条的警报，只有在注明来源的情况下才被允许使用。”对于虚假发布预警信号的行为，大多通过行政措施进行惩处或管制。如美国法典规定：“任何故意发布伪造的天气预报或气象灾害预警，虚假地表示该预报预警是由国家海洋和大气管理局、国家气象局、商务部或其他政府部门发布的，将被处以不超过 5000 美元的罚款或不超过 90 天的监禁，或两者兼施。”

（二）国家层面

我国气象事业定位为基础性公益事业，气象部门始终将公益性服务放在首位，这就奠定了气象预报预警信息由各级气象台站统一发布、对气象信息传播实施安全管理的体制基础，目前已形成具有中国特色的气象信息传播法治体系。

1. 气象法律

《中华人民共和国气象法》（简称《气象法》）是我国唯一的气象法律，是一切气象活动的法理基础。针对气象信息传播活动，其规定了公众气象预报和灾害性天气警报实行统一发布制度，对维护发布传播的权威性和严肃性、有效维护气象预报发布和传播秩序发挥了重要作用。

2. 行政法规

国务院颁布的《气象灾害防御条例》对气象信息的发布传播进行了规范，再次明确灾害性天气警报和气象灾害预警信号由各级气象主管机构所属的气象台站统一发布，并规定了灾害性天气警报发布传播的政府责任和基层组织传播气象灾害信息的职责。

3. 部门规章

依据《气象法》和《气象灾害防御条例》，中国气象局制定了《气象灾害预警信号发布与传播办法》《气象预报发布与传播管理办法》《气象信息服务管理办法》等规章规定，对气象主管机构向社会发布相关气象信息和传播单位传播气象信息的职责都进行了规范和明确，并发布了《气象信息服务基础术语》《气象信息服务单位备案规范》《气象预报传播质量评价方法及等级划分》等多项标准，为相关监管治理提供了操作细则。

（三）省市层面

1. 颁布地方法规规章

依据《气象法》《气象灾害防御条例》和中国气象局相关规章，省市相继出台气象信息安全治理相关地方法律法规，如浙江省颁布《浙江省气象灾害防御条例》《浙江省气象灾害预警信号发布与传播规定》，绍兴市颁布《绍兴市气象灾害预警信号发布与传播管理实施办法》，均对属地的气象信息发布传播作出明确规定。

2. 纳入行政权责事项

气象信息传播管理是省市气象部门依法开展的行政事项，如浙江“对非法发布公众气象预报、灾害性天气警报，媒体传播公众气象预报、灾害性天气警报不按规定使用适时气象信息”“对媒体未按要求播发、刊登灾害性天气警报、气象灾害预警信号等”2项行政处罚事项和“对气象信息服务单位的行政检查”“对气象信息发布、传播的行政检查”2个事项纳入气象部门权责清单。

3. 实施服务企业备案

《气象信息服务管理办法》规定，气象信息服务单位应当向其注册地的省级气象主管机构备案，并接受其监督管理。其发布后，多省气象主管机构启动气象服务企业备案管理。上海在备案管理的基础上，先行试点服务企业信用管理制度，将气象信息服务并入政府信用管理监控体系，发布错误信息、虚假信息的气象企业在统一信用平台曝光。

4. 开展传播质量评价

2017年中国气象局应急减灾与公共服务司组织开展公众气象预报传播质量评价，广东、海南等也先后开始启动该项工作，定期或不定期地开展传播情况的调查，对媒体的传播质量进行评价并通报，传播质量评价和通报工作的开展，对社会媒体起到了一定的监督作用。

二、全媒体时代气象信息传播安全治理的挑战

习近平总书记强调："全媒体不断发展，出现了全程媒体、全息媒体、全员媒体、全效媒体，信息无处不在、无所不及、无人不用，导致舆论生态、媒体格局、传播方式发生深刻变化。"这是一个对于现代传播环境和媒体特点全新、全面的论述。近年来，移动互联网的浪潮愈发汹涌，全程、全息、全员、全效的"四全媒体"进一步发展，给气象信息传播安全带来了新挑战。

（一）"全程"媒体对气象信息安全治理的时效提出更高要求

"全程"是指传播无处不在，几乎全域无死角、全程零延迟。气象预报预警信息公众关心政府关切，必将时时刻刻处在传播链条中，一方面"全程"媒体可极大增加气象信息的传播效率，另一方面也为不实信息、气象谣言的快速发酵提供了温床，这就要求气象信息监管也要保持在线状态，尽可能实现全程信息监控。

（二）"全息"媒体对气象信息安全治理的手段提出更高要求

"全息"是指利用全部的技术、媒介、终端实现立体式传播。在物联网、人工智能、云技术等新技术的推动下，移动应用、社交媒体、网络直播、短视频等新应用新业态不断涌现，信息传输通道呈现多元化的模式。不断涌现的多元传播媒介就要求气象信息传播治理要不断与时俱进，全面、准确地获取不同媒介的传播特征，制定针对性安全治理方案。

（三）"全员"媒体对气象信息安全治理的广度提出更高要求

"全员"是指社会各种主体都通过网络进入社会信息交互的过程中，进行充分的自由表达与立体的信息传播。随着快手、抖音等自媒体短视频平台的崛起，任何学历、专业、背景的人都可以成为气象信息的传播者，特别是流量大V往往采取标新立异博眼球的方式开展气象信息传播，对气象信息安全治理对公众的覆盖及个人的约束提出了新要求。

（四）"全效"媒体对气象信息安全治理的深度提出更高要求

"全效"是指媒体功效的全面化，互联网技术的特点，使得媒体具有明显

的平台化趋势。当前气象服务手机APP已经成为气象数据汇总和服务的“全效”枢纽，其背后的运营商多为投身专业气象服务蓝海的“全效”传媒企业，如何优化“全效”媒体的气象传播效率，提升气象信息服务规范性还有很多工作要做。

三、当前气象信息安全治理存在的问题

（一）气象信息传播主体责任不够明确，依法监管较难执行

气象信息传播法治体系不能满足全媒体气象安全治理的需求，相关法律责任还不够明确。从责任主体来看，现行气象法律法规关于气象信息传播监管的规定对手机APP、电子屏、短视频平台等新媒体尚未完整覆盖；从执法主体来看，现行气象法律法规对气象预报与灾害性天气警报的来源做了相应规定，违法行为需承担的后果依赖气象部门执法，但气象部门往往对媒体传播有所求，从严监管难以执行，如绍兴气象部门近年来未实质性开展气象信息传播相关监管工作，气象信息传播停留在合作层面，法律义务最终成为道德义务，约束效力有限；从监管手段来看，服务企业备案和传播质量评价均未能有效执行，据北京市气象局公开数据2019年年底北京地区涉及气象信息服务领域依法备案的单位109家，占比仅为21.6%，此外，网络能搜索到最近的气象传播质量评比为2018年7月中国气象服务协会关于气象灾害预警信息传播情况的公告，工作持续性及曝光度不足。

（二）气象信息传播内容及形式混乱，手机天气APP尤为明显

国内的各类气象服务媒体，特别是主流手机品牌自带天气APP的气象信息差异明显。一是不同品牌预报内容不一致，表现在苹果手机的逐日预报结果与国产手机结果差异较大，国产手机总体逐日预报结论相近，但华为手机在转折性天气时又与众不同，所有手机的逐小时预报又各不相同。二是不同手机品牌预报结论与属地发布结果不一致，国内手机厂家自带天气APP气温预报数据一致，但均与绍兴市局本地的逐日预报结果（城市报文）有差异。这些差异给民众造成了较大的困扰，在绍兴市局组织的气象服务调查中，认为自己在用的手机APP或其他媒介天气不准的超过72%。绍兴市越城区的马女士在调查中质疑“为什么几个牌子的手机天气预报结论不一样，我到底要相信哪个?”各不相同的气象信息服务内容，一定程度影响了政府及气象部门的公信力。

（三）气象信息全媒体传播秩序未建立，气象谣言层出不穷

伴随着全媒体的不断发展，非气象权威渠道所占的比例越来越高，初步估算我国提供气象信息服务的网站有上千个，天气 APP 数百个，但未建立统一的气象信息传播行业协会，更谈不上气象信息传播行业标准和规范。当前各类天气 APP、微信公众号、自媒体大 V 都在传播天气信息，但市面上多数天气预报来源不明，部分自媒体移花接木吸引眼球的标题预报，“连续三十天暴雨”“世纪极寒再来袭”，气象谣言往往带着耸人听闻的字眼，循着相似的套路生成、传播，迅速占领社交传播渠道，据绍兴调查接触过气象谣言的公众超过九成，因为谣言而采取相关行动的更是超过半数。混乱的传播秩序给气象安全带来巨大挑战，给公众生产生活带来较大困扰，严重的还会造成经济财产损失，气象部门无端“背锅”现象严重。

四、强化气象信息传播安全治理的对策建议

（一）完善气象信息传播政策，强化传媒主体责任

一是加快推进气象法律法规的修订，围绕全媒体传播的新形势新问题，补充完善气象预报和气象灾害预警传播、气象信息服务的有关监督管理法律制度，强化媒体主体责任落实，进一步巩固气象部门的气象信息安全监管主体地位，完善基础治理体系。二是加紧制定气象信息传播市场特别是移动互联网气象服务的基本规则和行业标准，引导有业务能力、技术水准的优质社会资源参与，防止低水平、无序竞争对气象信息传播市场的不利影响。

（二）强化气象信息传播监管，切实维护传播秩序

一是落实气象法律法规的要求，参照网监、文旅、食药监做法，大力推进实施气象信息传播许可证制度，紧紧抓牢气象信息传播治理主动权，让晴朗天空重回我们的责任之地。二是严格气象信息发布、传播的跟踪监管，对于传播虚假、过时气象信息，传播非权威发布气象信息，以及传播违法涉密气象信息，造成误导公众，引发社会恐慌等行为，要严守底线，强化管理。

（三）打造全媒体传播格局，扩大气象信息覆盖面

一是激发社会媒体的积极性，鼓励社会力量参与全媒体气象信息传播技术

的研制和开发，大力发展现代化气象传播技术，提高气象信息传播效率。二是积极顺应国家媒体融合整体战略的规划要求，抓住机遇，着力做好气象媒体融合的总体构架以及战略发展思路，着力打造全媒体气象信息传播权威服务系统，与国家互联网联合辟谣平台建立合作，构建全媒体气象信息传播新格局。

推动雷达气象业务高质量发展调研报告

曹晓钟[1]　毕宝贵[2]　裴　翀[1]　佘万明[1]　秦三杰[3]　贾志宏[1]　张　宇[1]
张志刚[2]　庞　晶[1]　刘为一[1]　张家耀[1]　陈传雷[4]

（1. 中国气象局综合观测司；2. 中国气象局预报与网络司；
3. 甘肃省气象局；4. 辽宁省气象局）

雷达气象业务是我国气象核心业务的重要组成部分，在气象防灾减灾第一道防线中发挥着不可替代的重要作用。中国气象局党组高度重视雷达气象业务工作，为加快推进雷达气象业务高质量发展，进一步提升气象雷达在强对流天气监测预报预警中的作用，成立了中国气象局雷达气象业务体制改革领导小组，组织领导全国雷达气象业务体制改革工作。为扎实推进全国雷达气象业务改革发展工作，观测司、预报司联合组织调研专班，梳理了雷达气象业务面临的形势、制约发展的短板弱项和难点堵点等问题，厘清发展方向和主要任务。调研专班先后邀请19位雷达气象业务技术专家进行报告交流，赴北京、湖北、广东省（市）气象局和气象中心开展四次专题调研，面向全国31个省（区、市）气象局和直属单位开展专项书面调研，与雷达生产厂家进行了两次技术研讨，坚持需求导向、问题导向、效果导向，聚焦当前雷达业务突出问题，广泛听取各方面的意见建议。在此基础上，形成了推动雷达气象业务高质量发展调研报告。

一、大力发展气象雷达业务的重要意义

气象雷达是用于探测大气中各种天气现象和气象要素的大气遥感探测设备，在灾害性天气监测和预警服务方面发挥着十分重要的作用，受到世界上大多数国家和包括世界气象组织在内的相关国际组织的高度重视。气象雷达的应用可明显改善冰雹、龙卷、暴雨等强对流天气的监测能力和预报准确性，其业务化应用使短时临近预报的准确率至少提高3%～5%，时效提高几十分钟至数小时，显著提升了短临预报的效益。同时，通过对气象雷达资料进行同化，

可大大提高高分辨率区域数值天气预报模式初值场的精度，进而改善区域数值天气预报准确性。目前，气象雷达也已广泛应用于农业、水文、林业、交通、能源、海洋、航空、航天、国防等领域的专业气象服务。我国是气象灾害高发、频发、重发的国家，气象灾害对经济建设和人民生活造成的损害和影响与日俱增，严重影响了我国的可持续发展水平。因此，大力发展我国气象雷达业务对于更好地服务国家、服务人民和保障生命安全、生产发展、生活富裕、生态良好等具有十分重要的意义。

二、我国雷达气象业务发展现状

我国天气雷达技术发展至今大致经历了从常规天气雷达、数字化天气雷达、多普勒天气雷达发展过程，从 1998 年至今实施了新一代天气雷达工程建设。20 多年来，我国雷达气象业务不断发展、日趋完善，成绩显著。气象雷达已覆盖强对流等灾害性天气监测、预报、服务全业务领域，已成为支撑“气象大国”地位的重器，气象雷达观测也已成为中国气象事业的核心支柱之一。目前全国基本形成了“两级管理、三级保障、四级应用”的业务布局，建立了由气象雷达装备技术研发、运行保障、资料应用、监测预警等组成的雷达气象业务体系。

天气雷达装备性能稳步提升。新一代雷达软硬件设施基本实现国产化。出台了《S波段多普勒天气雷达》（QX/T 463—2018）等一系列关于气象雷达的行业标准。完成了 88 部新一代天气雷达大修及技术标准统一，基本实现了同型号在网业务运行雷达的技术标准相对统一，雷达速调管、汇流环等关键器件的质量大幅提升，使用寿命提升 50%。完成了 58 部雷达双偏振技术改造，改造后有效提高了全国雷达反射率因子拼图质量，基于双偏振参量的雷达定量估测降水产品的精度和降水相态监测的准确性大幅提升。S 波段、C 波段雷达质量状况良好，2020 年对 165 部天气雷达均一性评估，均一性平均偏差 2.3 dB，标准偏差 4.0 dB。启动了下一代天气雷达技术体制调研和探索工作，联合生产企业开展了大型 S 波段双偏振相控阵雷达关键技术与业务应用探索试验。组织 7 省（区、市）气象局 17 部新一代天气雷达开展了雷达观测模式智能化运行，组织开展了新一代天气雷达快速精细化观测试点，以及双偏振改造应用效益评估及 X 波段雷达数据传输试验等关键技术攻关与业务应用探索。

雷达监测能力大幅提高。全国已建成由 224 部新一代天气雷达构成的世界上规模最大、最有影响力的气象雷达网，全国近地面 1 km 高度覆盖率约

30.79%。X波段天气雷达发展呈现快速发展态势，截至2021年全国已建成或正在建设129部X波段天气雷达。全国新一代天气雷达实现即扫即传，数据可提供服务的时效由442秒提升到50秒。建立了行业间的国家级、省级（区域、流域）数据快速交换网，提升了已有雷达数据共享服务的能力，形成了可支撑多种雷达基数据和产品在行业间全部共享的数据服务系统。

天气雷达运行保障能力逐步提高。建立了天气雷达装备和业务运行质量管理体系，建成了天气雷达运行状态实时监控及维修保障平台，实现了对天气雷达故障的远程维修技术支持。建成了国家级天气雷达维修测试平台和仿真系统以及省级天气雷达维修测试平台，具备了国、省两级天气雷达测试维修能力。建立了100余人的省级保障队伍，600余人台站级保障队伍。2018—2020年新一代天气雷达的平均业务可用性分别为99.29%、99.41%和99.26%，均超过业务考核标准96.00%。

天气雷达在短临监测预报预警中应用日趋深入。天气雷达高时空分辨率的数据在公里级实况产品研制中发挥了重要作用。建成了以天气雷达为主要资料来源的短临预报业务平台，灾害性天气的监测预警时效提前几十分钟至数小时。建成了国家级与区域中心区域1～3 km分辨率，以天气雷达为核心的多源资料同化预报系统和精细化数值预报服务系统。另外，气象雷达在人工影响天气业务以及建党100周年庆典、建国70周年庆典等重大活动气象保障服务中发挥了不可替代的作用。

雷达气象业务培训体系初步形成。建立了培训专用雷达系统、临近预报模拟培训系统、雷达资料同化应用培训系统、雷达资料及产品的专业气象应用培训系统，有效提升了气象部门雷达相关专业技术人才队伍的综合素质。目前已组织开展天气雷达机务、观测、资料应用类培训68期，2750人次，57750人天。

三、雷达气象业务存在的突出问题

虽然我国雷达气象业务已不断完善，在灾害性天气监测和预警中发挥了重要作用，但是对标“监测精密、预报精准、服务精细”要求，仍然存在短板和不足，已成为制约高质量发展的瓶颈，主要表现为：

天气雷达布局尚不能满足新发展阶段防灾减灾救灾需求。我国虽然已经建成基本覆盖全国人口密集区的天气雷达网，单点雷达站间距200 km左右，经济发达地区站间距150 km左右，但目前布局的新一代天气雷达网仅基本解决了台风、暴雨等系统性、大尺度范围气象灾害防御和大江大河防洪减灾监测需要，对山区、城市等特殊地形区和关键区的暴雨探测时空分辨率不高，对中小尺度天气系统和局地强对流天气的监测能力明显不足，新一代天气雷达网近地面 1 km 高度覆盖率仅为 30.79%左右，中西部地区观测盲区明显，迫切需要完善新一代天气雷达网布局。

未来我国气象雷达布局规划、技术体制研究不深入。由于气象雷达观测技术体制众多，加之我国地域广阔、地形复杂、气候类型多样，以及现有业务观测雷达存在多波段、多体制、多型号问题，造成我国未来雷达在技术体制的选择上困难重重，迫切需要深入研究、统筹规划。一是涉及我国 S、C 两种波段的天气雷达未来如何布局，是保持现有两种波段还是在新建和升级中逐步统一到一种波段；二是现有 S、C 两种波段 7 种型号雷达如何通过技术升级减少型号实现逐步统一，以及统一到何种技术标准，快速精细化扫描雷达是否是现有新一代天气雷达技术标准升级统一的目标；三是我国下一代大型天气雷达的技术体制也需要启动研究，是统一到现有 S 波段双偏振快速精细化扫描观测雷达还是 S 或 C 波段双偏振相控阵雷达，以及何种具体技术指标、功能规格；四是 X 波段雷达是重点地区局部补盲还是各地根据当地实际，依靠当地政府积极推进以及如何选择 X 波段雷达的技术体制，是现有固态双偏振还是快速精细化扫描双偏振 X 波段雷达，或是双偏振相控阵雷达等；五是当前我国新型雷达装备技术研发主要依靠生产企业各自独立研发，气象业务部门在技术引导、牵引方面的作用十分有限，造成目前雷达装备型号众多，观测数据质量控制、观测产品研发和资料应用等方面标准化、规范化程度低下，迫切需要构建气象业务部门主导的新型气象雷达研发机制。

气象雷达资料深化应用能力和水平不足。雷达资料在区域数值预报模式、天气预报平台的集成分析应用能力不足，可实时交互分析应用各类雷达新资料的天气预报平台需要优化完善。雷达实况产品对复杂地形的分析能力和小尺度强对流天气立体描述还存在较大差距。双偏振天气雷达数据质控和产品加工能力需要进一步提升。S、C、X 波段天气雷达和大气垂直廓线探测雷达协同观测策略，以及观测数据的质量控制和融合应用体系还有待建立、完善。综合应用长历史序列海量雷达资料和其他观测资料的灾害性天气分析工作有待尽快开展，对冰雹、龙卷、强降水等灾害性天气的快速自动识别能力需要强化。雷达在气候变化、环境气象、生态农业气象等监测预测业务中的应用还有待拓展。

气象雷达运行和保障能力存在不足。气象雷达数据上下通行、左右贯通链路传输还不通畅，雷达观测模式不能自动调控，气象雷达协同观测、数据质量控制、组网产品加工和业务质量管理能力还存在不足。气象雷达装备保障模式还不完善，保障业务分工和流程需要进一步优化。气象雷达全链条高精度业务计量标定能力尚不具备，国家级、省级和台站的雷达标定业务体系尚未建立，无法有效开展气象雷达的量值测量和溯源工作。雷达运行监控和故障维修能力需要进一步增强。

雷达气象人才队伍建设和业务培训需进一步加强。雷达气象领域高层次人才缺乏，适应雷达气象业务需要的人才梯队还未形成，人才培养、使用的评价机制有待完善。相关高校在雷达气象业务相关的学科建设和技术人才培养方面还存在一定差距。雷达气象相关业务和管理人员在职培训不能满足雷达气象业务及相关新技术发展的需求，与之匹配的教学环境和资源等培训能力还需进一步提升。

四、推动雷达气象业务高质量发展建议

（一）紧密围绕新时代对气象工作的新要求，统筹谋划雷达气象业务高质量发展

以习近平新时代中国特色社会主义思想为指导，全面贯彻落实习近平总书记关于防灾减灾救灾和对气象工作重要指示精神以及党的十九大以来党中央国务院关于气象工作的新要求，立足气象事业新发展阶段、贯彻新发展理念、构建新发展格局，聚焦国家重大发展战略和经济社会发展需求，对标全球雷达气象业务发展前沿，加强雷达气象科技和体制机制双轮创新驱动，统筹谋划雷达气象业务发展，制定并贯彻落实《雷达气象业务改革发展工作方案》，深化细化各项任务的具体实施，以大力推进中国气象局雷达气象中心建设为抓手，深化雷达气象业务改革发展，着力提升我国雷达气象业务能力和科技实力，充分发挥气象雷达在气象防灾减灾第一道防线中的前哨和主力军作用，为迈入新发展阶段，推动气象事业高质量发展、加快气象强国建设提供有力支撑，为生命安全、生产发展、生活富裕、生态良好提供坚实保障。

（二）对标“监测精密，预报精准，服务精细”，全面提升雷达气象业务能力

优化完善气象雷达网布局。聚焦重大灾害、重点流域、重点地区，承载力脆弱区，加密现有天气雷达骨干网密度，实现灾害易多发地区天气雷达全覆

盖，建设大气垂直廓线和云探测雷达网，构成多种雷达高密度协同观测网，提升天气系统全过程探测能力，提高时空分辨率和精细化探测能力，进一步提高气象灾害监测覆盖率和捕捉能力。

发展先进气象雷达技术装备。深入开展未来我国气象雷达布局规划、技术体制的研究、试点、评估和论证工作，明确未来5年我国新一代天气雷达建设布局原则，现行雷达技术升级的技术标准。构建气象业务部门主导的气象雷达研发机制，由中国气象局雷达气象中心牵头，创新气象雷达研发体制机制，明确我国下一代S或C波段大型天气雷达和X波段小型天气雷达的技术体制，探索建立具有中国特色、部门自主可控的相控阵天气雷达技术体系，提高对快速生消强对流监测预警能力。发展集雷达数字信号处理、基数据质量控制、观测产品生成、强对流天气自动监测识别于一体标准化、规范化的气象雷达软件系统。发展垂直廓线和云结构遥感探测装备，提升数值模式初始场精细化水平。

加强气象雷达研发及资料应用支撑能力建设。完善气象雷达研发基础设施建设，建设气象雷达开放实验室和外场试验平台，完善气象雷达研发中试基地，建立气象雷达应用中试基地，建立雷达质控评估及产品算法中试平台。加强气象雷达前沿和关键技术攻关，全方位开展满足不同需求的先进雷达观测技术与方法研究，着力开展气象雷达速调管等关键核心器件国产化技术研究。推动气象雷达及应用重大试验实施，全面开展新型业务雷达与新技术应用研究评估试验，实施以天气雷达为主，结合风廓线雷达、云雷达、激光雷达等多种观测设备的协同观测业务试验。

提升雷达气象业务运行及保障能力。基于“云＋端”新型业务技术体制，增强雷达数据通信传输能力，改革构建“一点入云，全网共享”的雷达气象业务流程，全面提升气象雷达数据的收集、加工、存储与共享能力，形成标准化气象雷达数据资源等跨行业综合共享应用体系。增强气象雷达全网技术支持和质量管理能力，打通雷达气象业务上下通行、左右融合链条，建设统一调度、基于目标观测的气象雷达协同控制系统，逐步实施全网气象雷达业务运行调度、观测模式智能化运行。完善现有国、省、市（站）和生产企业多方参与的运行保障模式，因地制宜开展社会化保障试点。制定气象雷达标定业务技术规范、技术规程。发展气象雷达“动静态标定”和“地-空-天基”多目标对比检验技术，建设雷达标定基地和实验室，建设气象雷达标定检定校准系统。

完善气象雷达资料应用能力。优化气象雷达观测资料质控业务，建立设备端、云端的两级质控技术标准，统筹气象雷达观测资料质控算法和业务流程。完善气象雷达监测产品体系，优化产品加工体系业务布局，推进雷达单站和组网融合产品算法与预报员桌面系统实现有机统一。加强气象雷达资料在数值模式中的同化应用，建设 1 km 分辨率或更高、1 小时更新或更快的数值同化预报系统。发展雷达在专业气象分析预报中的应用技术，拓展气象雷达社会应用深度和广度，提升气象雷达在人影业务、航空飞行安全、林草火灾监测、生态监测领域中的应用。

提升强对流天气实况的临近监测预警能力。优化气象雷达天气应用业务布局，推进核心技术研发、应用平台和产品制作向国省集约，产品应用、检验反馈向市县下沉的业务分工布局。发展对局地突发、快速演变的强对流天气的自动监测识别技术，发展天气雷达回波和气象卫星云图融合的强对流天气外推预报技术。健全强对流天气实况监测产品，优化强对流天气实况监测产品加工业务布局，构建以雷达和卫星观测资料为主的强对流天气监测实况业务。完善强对流天气的临近监测预警业务，建立涵盖气象雷达等观测资料分钟级的获取、省市县共享共用、短临监测预报预警一体化的业务平台。发展人机结合的强对流天气临近监测技术，完善与各地实际相适应的短临监测预报预警业务体系。

强化雷达气象业务科技和人才支撑。推动雷达气象学相关学科建设和科技创新，联合国内外高校、科研院所和相关企业，加强研究生培养，开展客座研究和定期学术交流。构建“揭榜挂帅”的应用研发机制，统筹利用部门内和社会人才资源，加强任务发包和成果转化管理，增强研发能力。加强雷达气象人才培养，加快领军人才和青年人才培养，组建国家级创新团队，强化省级创新团队建设，成立中国气象局雷达气象科学指导委员会，促进雷达气象业务发展。强化雷达气象业务技术培训，加强气象雷达技术、资料应用、雷达机务等培训能力建设，面向国省市县组织开展应用、机务保障、观测技术等岗位培训，实现省市县岗位培训全覆盖。

（三）强化保障，形成推动雷达气象业务高质量发展有力支撑

加强组织领导，统筹推进发展。中国气象局各职能机构要高度重视雷达气象业务发展工作，将其作为促进气象事业高质量发展的重点工作来抓，将雷达气象业务任务纳入气象事业发展规划予以统筹谋划。各省（区、市）气象局和有关直属单位也要高度重视雷达气象业务发展工作，强化组织领导，统筹规划布局，切实抓好各项任务的实施。

加强改革创新，提高发展成效。按照“强基础、调结构、优管理”的改革总要求，深化雷达气象业务体制机制改革，全面推动雷达气象业务改革发展工作方案各项任务落地落实。加强中国气象局雷达气象中心建设，充分发挥其作

为全国雷达气象业务运行中枢的作用，使其成为雷达气象业务运行主力、科技创新高地、人才聚集培养基地，在雷达气象业务各个方面发挥技术指导、创新引领作用。

完善制度政策，健全共用共享。不断完善和修订雷达气象业务各项制度及政策，形成制度保障支撑。加强面向雷达生产企业的政策引导，广泛开展交流合作、整合科技资源，构建气象业务部门主导的气象雷达研发机制，提升雷达厂家生产制造能力。

完善人才机制，推动科技创新。健全雷达气象人才培养、使用、评价、激励机制，增强雷达气象人才创新活力，优化雷达气象领域创新型人才培养和成长环境，稳定、用好用活现有人才，努力建设一支适应雷达气象业务发展、结构合理、素质优良、勇于创新的雷达气象业务人才队伍。

完善投入机制，确保持续发展。建立稳定持续的多元财政投入机制，积极争取国家科技项目投入，推动各省（区、市）气象局发挥双重计划财务体制优势，加强与同级政府部门的联系沟通，积极争取地方财政投入，确保雷达气象业务的持续、稳定发展。

天津气象部门高层次人才队伍建设调研报告

关福来　于海霞　张文云　曹晓岑　李　磊

（天津市气象局）

近年来，天津气象部门高层次人才队伍建设取得明显成效，但与先进省市相比还存在较大差距。为深入了解高层次人才队伍发展现状与实际需求，由党组书记带队，相关处室组成调研组，赴北京开展调研，与上海市气象局进行了视频调研。同时，在市局层面组织召开正高级人员、业务骨干两个座谈会，党组书记带队专门赴东丽区气象局召开基层人才座谈会，滨海、津南和宁河区气象局相关人员参加。在此基础上，形成了天津气象部门高层次人才队伍建设调研报告。

一、深刻理解把握习近平总书记中央人才工作会议重要讲话精神

2021 年 9 月 27—28 日召开的中央人才工作会议，是党中央召开的首次中央人才工作会议。会议提出了一系列具有全局性、基础性的重大举措，为我们做好新时代人才工作提供了基本方式和科学方法。

一是要抓重点。习近平总书记指出，战略人才站在国际科技前沿，引领科技创新，承担国家战略任务，是支撑我国高水平科技自立自强的重要力量。要把建设战略人才力量作为重中之重来抓。

二是要抓基础。习近平总书记指出，中国是一个大国，对人才的数量、质量、结构的需求是全方位的。满足这样庞大的人才需求，必须主要依靠自己的培养，提高人才供给自主可控能力。

三是要抓改革。习近平总书记强调，要深化人才发展体制机制改革，根据需要和实际向用人主体充分授权，发挥用人主体在人才培养、引进、使用中的积极作用；要积极为人才松绑，完善人才评价体系。

二、天津气象部门高层次人才队伍现状

（一）高层次人才数量持续增长

天津气象部门高层次人才数量持续增长，现有博士研究生46人，专技二级岗专家4人，3人入选中国气象局首席气象专家，1人入选青年气象英才，正高级工程师26人，副高级工程师96人。近5年正高级工程师增加17人，占现有正高工总数65.4%；副高级工程师增加52人，占现有副高工总数54.2%，且符合申报正高级职称的人才数量在逐年增加。

（二）高层次人才学历逐步提升

近5年天津气象科技人才中，增加硕士研究生37人，博士研究生26人。截至2021年，本科及以上人员占比95.7%，硕士及以上人员占比55.1%。其中，正高级职称研究生学历人员比例为42.3%，副高级职称研究生学历人员比例为54.2%。

（三）高层次人才纳入地方培养初显成效

积极纳入地方人才工程，近5年天津气象部门共有36人获得地方人才称号，其中1人获“天津市有突出贡献专家”，3人获“天津市优秀科技工作者”，1人获“天津青年科技奖”，1人入选天津市“131”创新型人才第一层次人选，20人纳入“海河英才”计划，共获得地方资助68万元。

（四）基层人才队伍不断壮大

天津气象部门实有国家气象系统编制人员435人，其中基层人员共151人，占比34.7%。基层人员中，本科及以上人员133人，占比88.1%；气象类专业人员121人，占比80.1%。近5年，区局招录硕士研究生10名，且均为气象类专业，目前区局事业编制硕士及以上人员51人，占比56.0%，其中硕士比例最高区局占比达83.3%。

（五）创新团队人才队伍不断壮大

近几年，市局围绕业务定位，面向海洋气象、环境气象等特色研究领域加强创新团队建设，目前在建创新团队6个。聘请13位指导专家，共获得省部

级以上科研项目13项，获得天津市科技进步奖2项。10项成果实现业务转化，在业务服务中发挥作用。

三、天津气象部门高层次人才队伍发展面临的主要问题

当今世界百年未有之大变局加速演进，科技创新成为国家战略博弈的主战场。落实习近平总书记对气象工作的重要指示精神，做到“监测精密、预报精准、服务精细”，高水平保障“生命安全、生产发展、生活富裕、生态良好”，核心是气象高水平科技自立自强，关键要靠高水平气象人才队伍。

对标习近平总书记重要讲话精神和气象强国建设需要，天津气象人才队伍还存在一些薄弱环节，主要体现在以下几个方面。

（一）具有国际国内影响力的高层次人才严重缺乏

一是近年来天津气象高层次人才总量持续增加，基础人才素质位居全国前列，但规模仍显不足。博士研究生、正高级工程师占国家气象编制在职人员总数分别为10.6%和6.0%，具有国际国内影响力的高层次人才严重缺乏，北京局和上海局均有10人入选中国气象局创新人才，天津局仅4人，差距较大，且没有实现“领军人才”零的突破。二是人才学历层次及气象类学科背景逐年上升，但多领域、复合型人才仍显欠缺。天津要加快气象强市建设，瞄准海洋、健康、流域、大城市等重点领域实现高质量发展，急需高层次、全方位人才支撑。

（二）激励措施落实与人才快速成长需求存在差距

一是绩效考核制度方法不够完善，激励作用不明显，人才的主观能动性和创新激情未得到充分调动。二是成果转化激励政策落实效果不明显，市局已制定了科技成果转化、处置收益相关政策，但目前尚未有成果实现转化收益，激励效果尚未显现。

（三）人才培养力度与成长机制不够顺畅

一是对人才培养计划的政策执行和宣传不到位，且缺乏对人才计划实施效果的考核评估，导师带培制度落实不够，对青年人才的关注度不高、跟踪培养力度不足，难以满足其成长需求。二是针对专业技术人才的培训不足，各层次人才均对培训有非常迫切的需求，希望通过参加国际、国内、行业间合作交

流，参加气象专业能力、管理类知识、国家大政方针以及沟通艺术等方面的技术培训，不断提升个人业务素质和综合能力。

（四）人才选用与岗位交流机制有待完善

一是人才评价指标比较笼统，方法较为单一，破除“四唯”力度不足，人才评价主观性较大，对业绩的贡献率体现不够。二是市区两级人员双向交流机制不健全，挂职轮岗和业务交流机会不足，时间较短。在了解地方人才政策、融入地方需求发展上调研不够，在为基层单位搭建平台，实行人才培养政策倾斜，人员柔性流动，充分调动职工积极性方面力度不足。

（五）争取国家级重点科研项目能力明显不足

一是领衔重大科技攻关项目能力不足。近年来，天津局参与国家重点研发计划项目、国家自然科学基金重点项目数量虽然有所增加，但尚未实现主持国家级重点科研项目零的突破。二是科技创新平台作用发挥不明显。市局“3＋2＋X”科技创新平台基本建成，但作用发挥不充分，人才成长力度不大，担当国家级重点科研项目组织能力明显不足。

（六）科研对业务服务的支撑不够

一是重研究、轻应用现象仍然存在。虽然市局设立成果登记、认定、准入、转化及奖励一系列措施，但部分科研人员对科技成果及时应用到实际业务中不积极，或对应用情况和效果不够重视，科研对业务的支撑作用不明显。二是科技成果转化机制尚不完善，科技成果评价机制尚未建立，高水平科技成果转化应用不及时。

四、推进天津气象高层次人才发展的对策与建议

经济社会发展和信息技术进步推动气象事业走向地球系统科学新时代。主动适应并积极引领这一发展趋势，对气象领域杰出人才、科技领军人才和创新团队、青年科技人才队伍和卓越工程师队伍的培养使用提出了更高要求。新时代气象事业的政治属性和科技属性决定了我们在战略人才力量培养使用上，要开阔视野、打破常规，向先进看齐、向一流对标，主动融入国家战略，主动融入地方发展战略、主动融入中国气象局发展大方向，不断提升科技核心支撑能力。因此，要健全完善人才选拔考核制度，充分发挥人才的作用，让干事创业

者人尽其用。

（一）着力建设天津气象人才高地

一是发挥好外援力量。天津要加快气象强市建设、实现气象高质量发展，必须依靠高层次的人才支撑。我们要按照“不求所有、但求所用，不求所在、但求所为”的理念，充分利用“外聘专家”制度，吸引国际国内有影响力人才，围绕短板抓重点突破。着力与高校、科研院所建立长期研学合作，建立资源共享机制，推动高校和科研院所人才资源与气象部门智力需求“无缝对接”。着力融入中国气象局业务单位，充分发挥京津交通一体化便利条件，鼓励科技人才主动进京访学进修，加强合作与交流，选送业务骨干赴国外学习深造，拓宽视野。二是集中好内部力量。我们要坚持目标引领和问题导向，在海洋、健康、流域、大城市等重点领域，集中精锐力量，统筹全市气象资源，创新体制机制，打造一批气象创新人才高地，最大限度地释放和激发气象创新所蕴藏的巨大潜能。三是利用好地方政策。我们要积极利用天津市地方“海河英才”行动计划等现有人才政策，切实将气象人才尤其是高层次人才纳入地方政府人才队伍建设及各类人才培养计划。加大高层次人才引育力度，鼓励行业高端人才积极申报天津市青年托举工程、天津市杰出人才、“项目＋团队”重点培养专项等人才计划项目，积极报名参加自主创新人才培养培训计划。通过深化人才发展体制机制改革、优化人才服务等措施，为天津市气象部门吸引更多的人才，加快天津气象创新人才高地建设。

（二）着力优化人才布局

一是优化科研力量布局。加强顶层设计，统筹市局科技资源，加强科技创新平台和创新团队建设，完善分类评价机制，搭建创新链条各环节的人员沟通机制，着力解决科技力量分散、重复、低效问题，形成产学研用衔接的研发布局。二是优化业务人才布局。利用事业单位改革的有利时机，综合研究市、区两级与气象业务布局和职责分工相适应的人才布局，“稳重点、补短板、强弱项”，统筹各类业务人才发展，构建职责明确、分工合理的管理和工作机制。三是以预报员队伍建设为重点统筹推进卓越工程师培养。按照中国气象局部署，持续推进预报员转型发展，改革预报员考核评价制度，加强对预报员工作业绩、先进典型和奉献精神的宣传报道，努力建设一支爱党报国、敬业奉献、具有突出专业技术水平、善于应对复杂天气形势的预报员队伍。四是促进基层人才发展。要多措并举，统筹用好各类人才资源，尤其要研究一些有针对性的政策措施，着力解决部分区局“进人难、留人难”问题。要真诚关心、爱护、支持基层人才发展，加强对基层气象部门人才政策的倾斜力度，要根据事业发展需要，强化交流和培训，促进基层人才转型发展。

（三）着力加强青年人才队伍建设

一是优化青年人才培养机制。要坚决摒弃论资排辈思想，大力选拔一批思想新、能力强、会干事、能成事的青年人才。评价青年人才，重在看其基本素质和发展潜力。对于青年人才的培养，要出台相应的特殊支持政策。二是完善青年人才使用机制。要充分信任、大胆使用青年人才，为青年人才发挥作用、施展才华提供舞台。支持青年人才挑大梁、当主角，要敢于放手让青年人负责重大科研项目，把青年人才放在基层重要岗位上去任职，让他们挑重担、当先锋、打头阵，激发他们干事创业的活力。三是关心关爱青年人才成才。在创造成长环境和条件的同时，要注意倾听青年人才的声音，推动解决青年人才面临的问题，让青年人才安心、安身、安业。

（四）着力优化人才发展环境

一是落实党管人才主体责任。要树立强烈的人才意识，坚决落实主体责任，加强人才培养顶层设计，根据气象事业发展需求和高层次人才队伍特征，设计不同层级的人才培养计划，把人才工作各项决策部署落实落地。二是积极为人才松绑。完善人才管理制度，做到以人为本、信任人才、尊重人才、善待人才、包容人才。赋予人才在技术路线、经费支配、资源调度方面更大的自主权。落实让经费为人的创造性活力服务的理念，改革科研经费管理。三是继续深化人才评价改革。坚持“破立并举”，坚决破除“四唯”倾向，创新评价方式，加快建立以创新价值、能力、贡献为导向的气象人才评价体系。四是大力弘扬科学家精神。要鼓励气象人才深怀爱国之心、砥砺报国之志，主动担负起时代赋予的使命责任。要继承和发扬老一辈科学家爱国、创新、求实、奉献、协同、育人精神，胸怀祖国、服务人民的优秀品质，心怀“国之大者”，为国分忧、为国解难、为国尽责。

地市级天气预报员岗位能力素质提升需求调查与分析

费海燕　王秀明　俞小鼎　邹立尧　王启光　叶梦姝　韩　锦

（中国气象局气象干部培训学院）

新一轮科技革命和产业变革背景下，气象业务向精准化预报和精细化服务方向发展，加之气候变化及极端灾害性天气防灾减灾需求不断加深，对地市级天气预报员的岗位能力素质提出了更新更高的要求。气象干部培训学院（简称“干部学院”）在中国气象局党组、预报司、人事司等职能司指导下，2011—2015年牵头完成了第一轮地市级天气预报员轮训，并于2021年启动了第二轮地市级天气预报员轮训。为了服务气象事业高质量发展的大局要求，优化各级预报业务分工布局，提高地市级预报员的预报预警和服务能力，干部学院专题调研组围绕地市级预报员的岗位能力素质提升需求开展调研。通过问卷调查、座谈研讨、实地考察和电话访谈等方式，抽样调研了全国地市级天气预报员的岗位能力素质提升需求，设计出培训方案并进行试点，在试点培训班上继续通过座谈研讨、问卷调查等形式进一步深入分析地市级预报员岗位能力素质提升需求，有针对性地提出存在问题，给出解决的思路和措施。

一、调研方法及资料来源

调研组以地市级天气预报员为研究对象，采用问卷调查、学员座谈、地市局长座谈、地市气象台站书面意见咨询、实地考察座谈、电话访谈、微信咨询等多种方式，着重了解地市级天气预报员岗位能力素质提升需求。共收到265份问卷调查，1份2021年地市级预报员轮训需求书面调查（河南），19份地市局长座谈意见，20份地市级台长和资深预报员书面意见，1份实地调研材料以及若干条电话和微信调研意见。

二、地市级天气预报员岗位能力素质提升需求调查分析

（一）对短临预报预警能力的提升需求最为强烈

问卷调查和座谈研讨调研结果显示，地市级预报员希望提升的岗位能力素质主要分为三方面：灾害性天气短临预报预警能力、运用智能数字预报技术与产品能力和精细化气象服务能力，其中灾害性天气短临预报预警能力是地市级预报员最迫切需要提高的岗位能力素质（占比53%），其次依次为运用智能数字预报技术与产品能力和精细化气象服务能力。

（二）注重对雷达、探空和卫星资料的本地化分析能力

雷达、探空（包括模式探空）和卫星是雷暴和强对流天气短临预报和监测预警的必备工具。结合地形应用这三种观测资料进行本地化深度分析是预报员关心的重点。地市级预报员迫切需要掌握强降水和强对流天气形成演变的机理，分析高分辨率快速更新的模式探空等中尺度资料提供的近风暴环境，掌握雷暴生消演变机理，构建雷暴生消演变的本地化概念模型，进而提取雷达卫星图上的先兆信息，发布灾害性天气短时预报（相当于美国的灾害性天气警戒级别，即Watch），才能真正对县级预警（相当于美国的灾害性天气警告级别，即Warning）提供指导，提升气象部门预警发布的准确性和预警时间的提前量。

（三）加强对智能数字预报技术和产品的应用能力

问卷调研结果显示，地市级天气预报员对于国省两级的精细化智能网格预报技术（占比36%）、数值模式的偏差订正（占比23%）和高分辨率数值预报模式产品在强对流天气预报中的应用（占比15%）关注度较高；同时13%的地市级预报员希望提高格点预报产品的精细化订正和应用能力。

（四）加强决策服务能力，提高精细化服务水平

优质的精细化气象服务能够为国家和公众降低极端天气造成的巨大人员伤亡和经济损失。问卷调查的结果显示，地市级天气预报员希望通过学习重大灾害性天气过程服务的经典案例，了解运用国省精细化服务的主要产品及服务过程，着重加强决策服务能力，提高精细化气象服务的针对性和有效性。

（五）加强培训管理，创新培训方式

要提升地市级预报员的岗位素质能力，地市级预报员提出需要加强培训管理，创新培训方式，增强培训效果。

做好培训人员的分层分类。通过地市局长座谈和实地考察调研发现，从事预报工作3年以上的预报员具有问题导向型的学习思路，这部分预报员需要提升自身岗位能力素质，在业务改革的大潮中勇挑重担。

基层培训要具有周期性。地市局长座谈和问卷调查结果显示，半数以上的地市级预报员（占比58%）希望每三年轮训一次，培训时间安排在汛前较好，理想的面授时长是2～3周。

混合式培训方式凸显优势。61%的预报员选择“录播课件（配以学案）＋面授精讲＋实习实训”的培训方式，建议面授时加强实习实训的课程比例，说明混合式培训方式越来越受地市级预报员的欢迎。

三、地市级天气预报员岗位能力素质提升的问题分析

（一）预报业务的主要岗位职责定位模糊

按照全国气象业务布局分工优化调整方案，国省两级主要负责灾害性天气潜势预报和客观预报产品制作，地市负责短时临近和短期预报预警，县级负责短时预报和临近预警。意味着由市级监测再通知县级发布预警的模式对于生消演变快的灾害性强对流天气终将被淘汰，地市级如何起到承上启下的作用值得深思，市级对县级灾害性天气预警“指导”职责的界定尚待进一步明确。

（二）中小尺度热动力学理论基础知识欠缺

大尺度天气环流分析是建立预报的基础，中小尺度天气过程分析则是建立精准化预报的基础。座谈研讨及轮训试点表明，地市级天气预报员在日常业务工作中分析中尺度天气系统较少，缺少系统的中小尺度热动力学知识，对于生效演变快的强对流天气精准化预报订正能力十分有限。

（三）国省两级智能数字化产品的本地化应用不足

近年来，国省两级开发了大量的高分辨率智能数字化产品，地市级预报员对产品的形成原理、使用范畴以及有效获取途径均不甚清晰。预报员普遍反

映，智能数字化产品提升了整体技巧评分，却解决不了基层个性化气象服务问题。

（四）精细化气象服务的能力较弱

据地市级局长座谈和职能司访谈调研结果显示，地市级天气预报员向相关部门传递决策服务信息的能力较弱，对本地化特色服务对象需求缺乏了解，局限于预报一隅，自说自话，与其他部门的对话能力较低；在面对重大灾害性天气服务时，服务思路和技巧均欠缺。

（五）面向地市级天气预报员的培训力度不够

2011—2015年，干部学院牵头完成了第一轮地市级天气预报员轮训，于2021年启动了第二轮地市级天气预报员轮训，在此5年间没有开展面向地市级预报员的系统性专项培训。据地市级局长座谈调研结果显示，地市级预报员参加培训的机会较少。2020年中国气象局领导班子成员到基层调研时也听到了基层亟待加强培训的呼声。

（六）地市级天气预报员的心理健康存在风险

问卷调查、座谈研讨和书面意见调研发现，发达地区和灾害频发地区的地市级预报员心理健康存在风险。对以地市级预报员为主的冬奥气象服务团队（张家口赛区团队成员），进行专业心理健康筛查量表测评，参测人员SCL-90总分均值139.8±7.0分，高于全国常模均值（130.02±33.63），数据提示该人群心理健康风险较高。虽然整体症状并不严重和频繁，但是未来正式开赛时团队在高强度下长时间高效开展工作，叠加新冠疫情防控下特殊的生活工作要求，推测其心理健康状况可能成为影响其完成冬奥赛时气象服务保障工作的高风险因素之一。

四、提升地市级天气预报员岗位能力素质的相关建议

（一）明确地市级预报业务主要职责，建立上下交流机制

未来地市级预报业务的主要工作职责是短时预报（Watch），需要扎实的理论基础，包括风暴形成机理、熟练的本地化中尺度天气分析和统计技术，特别需要加强地形和下垫面对本地天气预报的影响研究。对此建议，为了更好发挥

地市级承上启下的职责，建立常态化的上下交流机制，组织市级短临骨干预报员到上级业务科研单位交流访问，同时鼓励市级短临骨干预报员到下级业务单位进行指导并了解指导需求，从而切实承担灾害性天气预报承上启下的职责，切实提升灾害性天气预警提前量和准确性。

（二）丰富融合多源观测资料的短时临近客观分析产品

灾害性天气的短临预报预警不但需要时空分辨率高的实况产品进行监测，还需要近风暴热动力环境的中小尺度客观分析产品。但目前可用于临近预报预警的客观分析产品不多，尤其是融合了气象雷达、气象卫星、地面加密自动站等多源观测资料和高分辨率数值模式的客观产品。对此建议，进一步丰富国省两级智能预报平台上强对流天气短时临近客观分析产品，提升产品分发时效，提升对快速生消演变的雷暴等极端天气的监测预报能力，改变目前大部分地市级预报员仍以主观分析为主的现状。

（三）加快建设基于（数值）预报的强天气预警系统

为了提高预警的时效性，近年来美国气象局的龙卷预警系统从基于观测的预警，向基于预报的预警转变，目标是争取能提前30～60分钟预报出龙卷形成的地点、强度、移动方向和路径等，并且定量给出这一预报可信度（概率）的时空分布。前者以雷达观测资料为主，后者的关键技术是对流尺度的数值预报模式、雷达观测资料同化能力、基于算力和算法的产品快速更新能力、风暴尺度集合预报系统。美国目前正在建设下一代强天气预警系统“对环境潜在危险的全方位预报系统”，预报对象包括龙卷、大冰雹和局地强降水。此系统以基于预报的预警为核心，增加了行为科学（考虑心理、社会和经济因素的决策），目的是将预报信息转化为与用户直接相关的问题，例如，这个风暴会影响我吗？风暴已造成多大损失？最坏会是什么结果？对此建议，充分学习吸收借鉴美国的发展历程和方向，根据中国国情探索建立基于预报的预警系统，即在提升高分辨率数值模式和同化技术的基础上，结合社会行为学发展智能化预警系统。

（四）完善培训的重点内容和方式方法

为了提高地市级预报员的整体岗位素质能力，2021年9月10日—10月29日，干部学院举办了第1期地市级天气预报员轮训A班试点班，结束前通过问卷调查和两次座谈进一步调研培训内容和方式存在的问题，为未来基层预报员培训设计提供参考。对此建议，进一步完善培训的重点内容和方式方法。重点加强风暴形成机理和中小尺度系统分析培训，提升地市级天气预报员的精准化订正能力。加强精细化气象服务培训，特别是决策服务相关内容的培训。增加国省智能数字预报平台实操录播课程。实操性强的智能数字预报技术与产品课程以“录播演示＋面授答疑”相结合的培训方式效果更佳。同时提升基层送培单位对培训的重视程度，加强混合式教学中远程培训效果。问卷调查结果显示，80％的学员认为提高网络自主学习最有效的途径是用人单位预留学习时间，可见单位给予培训时间支持是学员网络课程能否顺利完成最为关键的因素。

（五）高度关注地市级预报员的心理健康状况

近年来，全国极端天气气候事件频发重发给气象预报服务带来新挑战新压力，地市级天气预报员是气象防灾减灾服务中的第一道防线，承受着社会舆论、政府问责、业务科研能力弱等诸多压力。对此，建议继续深化相关研究、加强心理健康科普、提前筛查和提高援助意识等方式，高度关注地市级天气预报员的心理健康状况。

气象重点工程立项情况调研报告

郭转转　顾青峰

（中国气象局气象与发展规划院）

党的十八大以来，以气象事业“十三五”规划为蓝本，大力实施气象重点工程，气象现代化建设取得了长足进展，气象观测、预报、服务、管理能力显著提升。然而在重点工程立项过程中不同程度存在立项难、审批慢的问题，为更好推动“十四五”时期重点工程的顺利立项，调研组围绕“十三五”时期国家级重点工程立项情况，通过问卷调查、现场调研和座谈研讨等形式开展调研，总结分析立项现状、面临机遇挑战和存在问题，从更好更快推动重点工程立项角度出发，深入研究并提出建议和措施。

一、“十三五”时期重点工程建设现状

（一）工程谋划情况

“十三五”时期，气象工作纳入国家“十三五”规划纲要，气象建设任务纳入全国农业、海洋、应急等相关国家重点专项规划。气象部门印发了《气象发展规划管理办法》，逐步形成了国省两级以气象发展规划为龙头、区域规划和专项规划为配套的“二级三类”气象发展规划体系，《全国气象发展“十三五”规划》（以下简称“《规划》”）共谋划了气象防灾减灾预报预警工程、气象科技创新工程、气象信息化系统工程、海洋气象综合保障工程、气象卫星探测工程、气象雷达探测工程、人工影响天气能力建设工程、现代气象服务能力建设项目、基层气象防灾减灾能力建设项目、生态文明建设气象保障项目、应对气候变化科技支撑能力建设项目、粮食生产气象保障能力建设项目、气象综合观测设备设施建设工程、区域协调发展气象保障能力建设项目（京津冀、长江经济带、丝绸之路等）、基层台站基础设施建设项目、山洪地质灾害防治气象保障工程、国家突发事件预警发布能力提升工程等17项全局性重点工程。

（二）工程立项情况

截至2020年，《规划》提出的17项全局性重点工程中，实际开展了15项，另有气象综合观测设备设施建设工程和粮食生产气象保障能力建设项目2项工程合并入其他重点工程不再单独立项，海洋气象综合保障工程、气象卫星探测工程和人工影响天气能力建设工程中的海洋气象综合保障工程（二期）、风云四号02批气象卫星工程以及西南区域、华北区域和东南区域人工影响天气能力建设工程尚未完成立项。利用财政项目资金开展了气象防灾减灾预报预警工程、气象科技创新工程、现代气象服务能力建设项目、基层气象防灾减灾能力建设项目、应对气候变化科技支撑能力建设项目等5项重点工程。“十三五”时期，争取到中央投资累计约183亿元，全局性重点工程总体进展良好，有力推动了气象基础设施建设，气象整体实力有了长足进步（表1）。

表1　全局性重点工程建设进展情况

序号	建设阶段	重点工程项目	中央投资（亿元）	建设成效
1	正在建设	气象防灾减灾预报预警工程	5.86	显著提升气象预报预警时效、精细化水平和气象防灾减灾能力
2		气象科技创新工程	7.07	在气象核心业务技术方面实现新突破
3		海洋气象综合保障工程（一期在建，二期立项前期）	3.70	初步形成了覆盖重点区域和领域的海洋气象综合保障能力，海洋气象服务水平在现有基础上得到了较大提升
4		气象卫星探测工程（“十二五”延续性工程，风四02批前期研究）	46.84	目前我国已建立长期、连续、稳定的气象卫星观测体系
5		气象雷达探测工程（“十二五”延续性工程）	21.62	我国新一代天气雷达布局日趋完善
6		人工影响天气能力建设工程（东北完成建设，西北、中部在建，西南、华北和东南立项前期）	16.70	人工影响天气作业能力得到显著提升
7		现代气象服务能力建设项目	1.05	该工程为业务能力建设项目
8		基层气象防灾减灾能力建设项目	17.51	该工程为业务能力建设项目

续表

序号	建设阶段	重点工程项目	中央投资（亿元）	建设成效
9	正在建设	应对气候变化科技支撑能力建设项目	4.97	该工程为业务能力建设项目
10		区域协调发展气象保障能力建设项目（京津冀、长江经济带、丝绸之路等）	0.71	有效服务保障了京津冀、长江经济带、丝绸之路等区域协调发展
11		基层台站基础设施建设项目	23.10	完成大部分台站综合环境改造，显著改善了气象基层台站基础设施条件
12		山洪地质灾害防治气象保障工程（延续性工程）	47.82	气象灾害预警信息发布能力和智慧化程度进一步加强，易灾地区生态文明气象保障服务能力进一步提升
13		气象综合观测设备设施建设工程	不单独立项	相关建设内容已纳入气象雷达工程、山洪地质灾害防治气象保障工程等建设
14	立项前期	气象信息化系统工程	1.00	完成可研报告批复
15		国家突发事件预警发布能力提升工程	0	完成可研报告批复
16	规划编制	生态文明建设气象保障项目	0.93	
17		粮食生产气象保障能力建设项目	不单独立项	纳入生态文明建设气象保障工程

二、“十四五”时期重点工程面临形势与挑战

（一）新时期新形势对重点工程立项提出更高需求

党的十九大确定了决胜全面建成小康社会、开启全面建设社会主义现代化国家新征程的目标，气象事业实现高质量发展要助力这一目标实现。同时，党的十九届五中全会描绘新时期发展蓝图、规划步骤路径、统筹安排战略部署，气象事业实现高质量发展要深入贯彻这一战略部署。加之，习近平总书记在新中国气象事业70周年之际作出指示，对推动气象事业高质量发展、保障社会主义现代化国家建设提出明确要求。为此，“十四五”时期需紧扣党的十九大确立的奋斗目标，深入贯彻党的十九届五中全会战略部署，以习近平总书记重

要指示为根本遵循，围绕气象事业高质量发展，来精准谋划重点工程、推动重点工程尽快立项。

（二）高质量发展社会环境下重点工程立项面临新机遇

“十四五”时期是我国开启全面建设社会主义现代化国家新征程的关键时期，是我国发展的重要战略机遇期，对气象保障经济社会发展提出新需求，为重点工程立项提供新机遇。事关民生的衣食住行、医疗健康，无不受天气影响；推动形成绿色发展方式和生活方式、加快建设美丽中国，不同程度地受到天气气候变化制约；服务保障国家重点战略落实、构建自然灾害综合防范体系，离不开高标准、精细化气象服务的支撑。需面向生命安全、生产发展、生活富裕、生态良好，对接国家重点战略和重点需求，满足经济社会发展需要，推动重点工程立项，提供高质量气象保障服务。

（三）放管服深入推进背景下加快气象重点工程立项面临新挑战

党的十八大以来，以习近平同志为核心的党中央从全局出发，大力推进简政放权、放管结合、优化服务改革，投融资体制改革不断取得新的突破。政府审批、核准的投资项目范围大幅缩减，审批所需前置要件进一步清理规范，制约项目立项建设的制度性交易成本显著降低。但与此同时，个别地区简政放权不到位、不同部门简政放权不协同的问题仍然存在，项目单位在办理规划选址等前置要件或开展社会稳定风险评估等必要性工作时，经常遇到因出具主体不符要求、内容缺乏规范，而使项目推动陷入迟滞的情况。个别地方气象部门对地方出台的新政策、新要求掌握不够、理解不深，有时会因个别要件不符合要求，而影响到重点项目的整体立项进度。

（四）适应财政资金趋紧形势气象重点工程立项面临新压力

现阶段，受新冠疫情、国内经济下行态势和全球贸易摩擦加剧等影响，我国财政政策呈现收缩趋势，过紧日子成为新常态，在防范和化解地方债务风险的背景下，“十四五”时期进一步扩大气象投融资规模存在一定的困难和挑战。气象项目具有公益性强、投资规模大、建设运营周期长等特点，且现有气象重点工程项目将迎来密集开工建设期，现有气象工程投融资需求十分强烈。同时，在加速实现碳达峰、碳中和目标愿景、积极应对气候变化、大力推进生态文明建设的背景下，气候变化、气象防灾减灾和生态气象等领域建设投资占比将进一步加大。然而，按照现有气象投融资模式，保障气象工程建设资金的难度很大，如何拓宽投资渠道、提高投资效率、解决资金供需矛盾面临巨大压力。

三、重点工程立项存在问题

经调研，“十三五”时期中国气象局报送国家发展改革委审批的重点工程项目均存在审批时间延长的现象。究其原因，多是项目前置要件不合规、可研报告内容不完整、报文描述不清晰或缺少地方投资承诺函等情况，被要求补齐材料。补齐材料期间项目会被挂起，待相关材料补齐后才会继续计时办理审批手续，因而延长了项目审批时间（表2）。

表2　重点工程立项审批挂起时间

项目名称	被挂起时间	挂起原因
风云三号卫星	29天	补充具体设备必要性材料
西藏卫星遥感能力建设	38天	补充土建部分说明材料 （申报逾10000 m^2 批复3158 m^2）
中部人工影响天气	重新报送	补充承诺函并根据评估意见进一步修改完善可研文本
气象信息化	141天	补充报文内容、修改可研报告

气象重点工程项目在精准立项方面存在的突出问题主要包括以下几个方面。

（一）贯彻落实重点战略有待进一步深化

党的十八大以来，国家提出“一带一路”倡议，以及京津冀协同发展、长江经济带、乡村振兴、军民融合发展等系列重点战略。中国气象局党组多次提出，要在做好气象监测预报服务、保障国家重要活动等既有工作的前提下，在保障国家重点战略实施、服务国家工作大局上下更大功夫。但当前针对重点战略谋划的重点项目相对较少，且大多重点工程只是在立项决策阶段，需进一步考虑如何落实国家战略。因此，在项目谋划阶段，如何深入贯彻落实要求，进一步做好新时期气象重点工程谋划立项，成为我们在工作中面临的一个新课题。

（二）重点工程设计支撑能力有待提升

经调研，大部分工程在项目设计阶段存在“重投资、轻设计”，对工程前期预研不够、设计深度不足，造成边设计、边建设、边调整。这种状况影响了工程规范化、制度化的管理和投资计划的严肃性，也在一定程度上影响了项目建设质量。同时，气象业务专业性、技术性和系统性较强，项目设计过程中既需要考虑工程方案的可行性，也要系统考虑气象业务系统之间、不同气象工程项目之间的关系，而当前编写可行性研究报告各项内容的业务单位通常站在自己单位需求考虑，使得部分重点工程的建设内容多而杂，导致业务系统建设集约化程度不高、系统间衔接互动不够，也存在重复建设的风险。

（三）项目单位对审批立项要求的掌握不完全清晰

近年来，随着“放管服”改革的深入推进，政府投资项目审批所需的前置要件进一步简化，项目单位规范性文件办理负担明显减轻。但大部分重点工程因对相关政策的执行不到位、文件出具主体不规范，导致项目前期工作耗时久，气象部门对政府投资领域规定制度尤其是新出台制度规定的理解把握还需要进一步深化。另外，由于气象系统实行中央垂直管理模式，一些重点工程前置工作涉及多个地区，但是由于不同地方政府部门的要件办理要求存在差异，也使项目推进受到影响。

（四）中央预算内投资规模对项目推进存在一定制约

随着经济发展进入新常态，我国财政收入增长幅度相对放缓，中央预算内投资规模大幅度增加有一定难度。以 2019 年为例，气象基础设施重点工程投资规模达到 25 亿元，相比“十三五”前三年平均水平增加了 25%，但是同建设任务相比，仍然存在较大缺口。山洪地质灾害防治气象保障、气象卫星、气象雷达、人工影响天气等 4 项专项规划的实施期均截至 2020 年。据统计，仅完成前述 4 项规划的剩余建设任务即需安排中央预算内投资 180 多亿元，考虑到海洋气象、气象信息化也有大量建设任务需要完成，在此基础上再考虑“十四五”新任务投资需求，按年均 25 亿元投资规模下有序推进各项规划实施存在一定困难。

四、加快重点工程立项有关政策建议

（一）注重规划引领，科学设计重点工程

发挥规划引领和约束作用，按照重点加强规划、以规划带动项目的思路，

依据规划来开展重点工程设计，避免规划项目两张皮，着力解决重点项目顶层设计薄弱、小低散和重复建设等问题，做好项目间统筹衔接，区分项目建设内容，划清项目建设边界，提高项目建设针对性，加强业务系统的互动协同和集约设计，合理提出建设任务，做实做细需求分析和项目测算依据。同时，摆布好规划实施和项目推进的关系，依照紧急程度对工程进行总体把握、确定优先次序，确保规划中既定的工程任务的有效落实。

（二）掌握项目立项审批的要件及要求

从《全国投资项目在线审批监管平台投资项目审批管理事项申请材料清单（2018 年版）》和《限额以上政府投资气象基础设施项目审批办事指南》等规定来看，审批立项的主要要件审查集中在可行性研究报告环节。能否妥善办理可行性研究报告环节所需要件，也是项目能否顺利推进立项的关键。要严格按照《关于以“多规合一”为基础推进规划用地“多审合一、多证合一”改革的通知》《固定资产投资项目节能审查办法》《不单独进行节能审查的行业目录》《国家发展改革委重点固定资产投资项目社会稳定风险评估暂行办法》等相关规定来办理可行性研究报告环节所需的选址意见书和用地预审意见、节能审查意见、社会稳定风险评估报告及审核意见。

（三）加强组织领导，加快推进重点工程立项

完善工程管理机制，健全工程管理制度，重视工程前期工作，加深前期工作深度，研究设立由中国气象局直接领导的重点工程建设管理实体机构，继续推进总师负责制，充实工程管理人员队伍，加强工程的统一管理和组织实施，充分发挥管理机构与审批部门、实施单位间的沟通协调桥梁作用。项目报送前尽量做好详细沟通协调工作，提高对审批部门质疑的反应速度，加快推进重点工程立项实施。建设与计财业务系统相通的全国统一的工程项目管理信息系统，强化对重点工程的顶层设计、统筹集约和全过程管理，提高工程建设的质量、效益和建设效率。

（四）拓宽投资渠道，有效保障重点工程立项

增加资金投入，更加有效发挥双重计划财务体制优势，进一步明确气象领域中央与地方财政事权和支出责任，以工程带投资，积极争取做大中央基本建设投资规模，构建稳定、可持续的地方财政保障体系，融入国家重点战略，加强与外部门合作，从更多渠道获取各级政府、各部门的资金支持；优化支出结

构，按照统筹集约、保障重点的要求，集中资源和资金协调推进全局性重点工程任务落实，强化工程绩效管理，提高资金使用效率；拓宽投资渠道，探索以财政资金投入引导和带动企业、社会组织等多元化投资主体共同参与重点工程建设，培育气象市场，发展气象产业，激发专业气象服务内生发展动力，提高各级气象部门创收水平，增强自身保障能力。

（五）夯实项目前期基础，加大工程项目储备

利用编制“十四五”规划的有利时机，围绕气象业务发展现状和现阶段国家政策要求，精心策划一批围绕破解气象现代化发展重点、难点、痛点，展现气象特色且具有较高科技含量、与国家产业关联度高、带动能力强的大项目和好项目，把政策和规划转变为实实在在的项目，使规划和项目接替有序、梯次推进、持续发展。同时，发挥规划、设计、评估评价等全过程咨询优势，提高重点项目的战略性、系统性、可操作性，形成滚动接续的项目储备工作机制，变“资金等项目”为“项目等资金”，确保项目报得上去、落得了地，以重点工程项目助推气象事业高质量发展。

关于新疆气象工作和部门援疆的调研报告

张长安[1]　林　霖[2]　彭　军[1]　修天阳[1]　董艳艳[1]
陆耀辉[1]　喻　桥[1]　张　宇[1]　张　洁[1]

（1. 中国气象局；2. 中国气象局气象发展与规划院）

中央第三次新疆工作座谈会召开后，中国气象局部署贯彻落实工作。2021年4月6—10日，计财司和人事司组队赴新疆喀什、阿克苏、伊犁、博尔塔拉、乌鲁木齐等地开展调研。调研组深入基层，与地方政府领导、援疆干部、基层职工、驻村干部等开展访谈，召开专题座谈会，听取自治区各相关委办厅局的意见和建议，认真总结新疆气象工作和援疆工作取得成绩，分析存在的问题，形成如下调研报告。

一、第二次中央新疆工作座谈会以来新疆气象事业发展取得显著成绩

（一）维护社会稳定和长治久安，助推经济社会发展

全力做好维稳与安全生产工作，新疆气象部门每年抽调1/3的人力参加维稳工作，做到“三不出”，连续五年获自治区安全生产目标考核优秀。持续深入开展“访惠聚”工作，全疆2000多名气象职工参与“访惠聚”活动，累计派出近400个工作队1200余名队员开展驻村（社区）工作，新疆气象局获自治区“访惠聚”驻村工作优秀组织单位。常态化开展“民族团结一家亲”活动，干部职工与3373户各民族家庭结为“亲戚”，与亲戚同吃同住同劳动同学习，送法律送政策送文明送温暖。气象服务满意度和覆盖率不断提升，有效应对自治区严重气象灾害，全疆决策气象服务满意率保持在95%以上，气象灾害造成的经济损失从2015年的0.85%下降至2020年的0.54%。公众气象服务满意度提升至93%，连续五年位列全国前五。

（二）保障国家和地方重大战略，服务生态文明建设

开展丝路气象合作与服务，加强中亚国家气象科技合作，促进中亚区域气

候变化研究，加强遥感监测和卫星资料应用、树木年轮气候历史研究等方面的合作。推进瓜达尔港气象保障服务中心项目建设，服务中巴经济走廊。助力脱贫攻坚与乡村振兴，选派29名扶贫“第一书记”，组建专业合作社，建设现代农牧业示范基地，带动6个贫困村如期脱贫。完成县级太阳能、风能资源精细化评估。搭建“兴农爱购”平台，助力新疆特色农产品销售。推动兵地与军地气象融合发展，统筹规划兵地观测站网布局，实现重点区域合理覆盖。常态化开展“五大联防区”兵地防雹作业，联合开展气象防灾减灾区域联动，成为兵地合作共赢的范例。推进生态文明建设气象服务，研制“河长望远镜”遥感产品，生态遥感服务能力向地县延伸。创建“中国雪都·阿勒泰”“天然氧吧·特克斯”等旅游品牌，助力旅游兴疆发展。积极开展生态修复型人工影响天气工作，年增加降水量12亿吨，年减少雹灾损失70%左右。

（三）加强气象现代化建设，推动气象事业高质量发展

综合观测及装备保障能力快速提升，全疆地面气象观测站实现乡镇全覆盖，国家级地面观测站全部实现无人值守。新建4部新一代天气雷达，喀什卫星地面前端站投入业务运行，遥感监测西延1500 km。预报预测精准化水平稳步提高，区地县一体化监测预报预警业务平台建成并应用，建成了覆盖中亚区域的高分辨率数值预报系统，初步建成5 km分辨率、逐小时的智能网格预报业务。暴雨（雪）预警准确率提高到74%，强对流预警时间提前至37分钟。气象服务能力显著增强，区地县乡村五级气象灾害防御机构逐步完善。与28个部门实现了信息共享，预警信息实现30分钟内全网发布。推动基层“六个一”建设，新型农业经营主体“直通式”气象服务覆盖率达85%。与铁路、公路、民航、电力、石油等部门建立了常态化的专业气象服务机制。信息化水平明显提升，高性能计算机计算能力达到28万亿次，存储能力达到1.5 PB，区-地数据传输宽带提升至100 M。

（四）夯实气象事业发展基础，营造发展的良好环境

科技创新活力得到加强，科技创新平台建设加快，初步建立了以沙漠所为龙头的科技创新体系。获批国家重点研发计划等省部级以上科研项目96项，荣获省部级科技进步奖3项，高质量论文成果数量稳居省级气象部门前列。人才队伍建设有序推进，把干部驻村作为发现、培养和锻炼干部的平台，1人获得国家“万人计划”，2人入选中国气象局“双百人才”，4人入选中国气象局青年英才，2人入选中国气象局西部优秀青年，31人入选自治区人才工程。财

政保障能力持续增强，2016—2020 年中央财政累计投入近 40 亿元，各级地方财政投入 7.7 亿元，区部合作成效显著，中国气象局和自治区人民政府累计投入 18.2 亿元推动重点项目建设。党的建设全面加强，推进基层党组织标准化建设，打造“五型党组织”，促进党建与业务深度融合，精神文明和气象文化建设不断推进，获评 5 个全国文明单位、62 个自治区文明单位。

二、援疆工作进展和成效

第二次新疆工作会以来，中国气象局不断完善工作机制，全国气象部门积极落实各项气象援疆举措，在支援双方的共同努力下，援疆工作取得明显的成绩和效益。

（一）不断完善援疆机制，从政策层面全方位保障援疆任务的落实

2015 年，中国气象局印发《全国气象部门对口支援新疆气象工作实施方案》，明确了业务科技、干部人才、资金项目 3 个方面的援助任务，确立了东中部地区及中国气象局直属企业与新疆 15 个地州及所属的 99 个县级气象局、新疆兵团 12 个气象台站的对口支援结对关系。为更好解决新疆基层气象部门招人难、留人难等问题，2017 年中国气象局印发《关于进一步做好基层气象部门人员招录工作的意见》，适当放宽基层气象部门人员招录条件，规范援派干部考核、选拔任用、生活补助、交通费用、津补贴及体检、休假、探亲等待遇。全国气象部门积极落实各项气象援疆举措，逐步完善“点对点”捆绑式援疆模式。各地积极探索加强与本地援疆指挥部的联系，将气象对口支援建设项目纳入地方对口支援工作计划，喀什塔县的地方人影设备购置和建设就得到深圳援疆指挥部的资金支持。

（二）落实资金援助任务，基层基础设施建设水平和职工工作生活条件明显改善

由北京、江苏等 22 个省级气象局和华云、华风两家公司执行资金援助新疆工作任务，6 年新疆各受援单位实际获得援助资金约 18000 万元，其中 1/3 为计划外的援助。为切实发挥援助资金的使用效益，新疆气象局专门制定了对口支援经费管理办法。援助资金的持续输入，在一定程度上弥补了新疆各受援单位自身创收能力的不足，改善了基层干部职工工作生活条件，提高了受援地区基层气象部门基础设施建设水平。

（三）选派援疆干部和组织双向交流，促进支援双方人才互动

各施援单位积极选派优秀干部人才对口支援新疆工作，先后派出10批援疆干部。在按照中央组织部、中国气象局要求选派援疆干部的同时，各施援单位还根据结对关系和受援单位发展建设需求，积极主动与受援单位开展干部人才双向交流，共667人次，其中施援单位派出150人次，新疆各受援单位派出517人次。选派援疆干部和组织干部双向交流，有力地提升了各受援单位的业务和技术能力，加强了干部队伍建设，强化了对干部的磨炼，为新疆气象事业发展注入了强劲活力。

（四）开展业务科技援助，助推新疆气象业务科技创新

2015—2020年援疆业务科技项目实际执行114项，借助施援单位提供的先进业务科技平台和手段，新疆各受援单位科技创新能力不断提升，创新驱动成果不断显现。例如，伊犁州创建“彩虹之都•昭苏”气候品牌，克州研发制作三县一市气象局农业气象灾害风险区划及精细化农业区划，制作气象灾害防御指挥作战图，协助推进“三农”专项实施。

三、存在的主要问题

（一）新疆气象基础业务能力的主要问题

新疆气象业务基础能力还存在着一些较为突出的问题。首先，综合气象观测还相对薄弱。新疆地域辽阔，现有的站网布设存在监测盲区和空白点，人口聚集区垂直探测能力仍然不足。新疆的边境线上配套的交通、通信、电力等基础设施建设与公共服务的提供难度较大。其次，预报预警能力有待加强。新疆气象灾害种类多、范围广，风、沙、雪有关的多项观测记录是我国同类灾害的极值，随着需求增多，如林草火险、油田井喷等突发事件发生后，气象预报预警难以满足专业防险救灾的需求。此外，气象服务能力相对较弱。基层气象灾害防御能力薄弱，气象灾害应急处置能力需进一步提升。偏远地区、边境地区公共气象服务短板仍然突出。新疆气候资源丰富而且位于“丝绸之路经济带”核心区，专业气象服务需求旺盛，但新疆自身的专业气象服务能力还较为欠缺，基于数值预报模式的精准预报科技支撑能力仍需提高，服务“一带一路”建设的气象关键核心技术亟须攻关。

（二）新疆基层干部职工反映的突出问题

调研发现，人才队伍与经费保障问题是困扰新疆气象事业高质量发展的突出问题。第一，“招人难、留人难”的情况突出。一是公务员招录少、调任难。近三年，全疆实招公务员不到计划的30%，南疆地区公务员招录难度更大，本地考生上线率低，外地考生基本放弃面试。此外，基层县级气象部门参公编普遍缺人，公务员空岗率28.4%。二是事业单位招聘、进编难。近年事业单位招聘毕业生计划完成率仅为70%左右。南疆基层县局（站）本科毕业生及省级单位气象类研究生招聘计划难以完成，长期从事一线业务工作的外聘职工无法进编。三是人员流失严重，外调辞职现象较为普遍。2016年以来，新疆气象系统净流出人员105人，辞职74人，调出31人。专业技术人才流失呈加速趋势。第二，干部人才队伍结构不合理。一是处级领导配备率偏低。全疆处级领导空岗率17%。正处级领导干部平均年龄51.6岁，年轻干部培养相对滞后，存在管理人员断层的情况。二是人员队伍整体素质亟待提高。市（地、州）县局普遍缺少预报服务、农气服务专业人员，关键岗位人员“青黄不接”，人才培养乏力。第三，经费保障仍显不足。业务运行、维稳、基础设施建设、现代化发展、人员津补贴等经费缺口大。新疆维稳经费有限，驻村工作队工作开展受限。

（三）援疆工作存在的突出问题

一是有偿服务收入下滑，增大资金援助压力。近年来气象部门有偿服务收入大幅下滑，给施援单位开展对口支援工作造成了较为明显的影响，计划外援助资金呈减少趋势。二是业务科技援助部分项目前期需求对接不充分，影响项目建设效益的发挥。在部分业务科技援疆项目安排上，受援单位与施援单位项目需求对接不充分、可行性论证不足，部分施援单位实践过的优秀案例直接移植到受援单位不一定适用，援疆实施方案中1/3项目未实际执行。三是援疆工作部分单位认识不足。对长期援疆认识不足，援助工作“一援了之”，缺乏长效机制。部分业务科技援疆项目“重建设、轻运维”，无法完全发挥预期效益。

四、思考与建议

（一）完整准确贯彻新时代党的治疆方略

准确理解把握新时代党的治疆方略的核心要义和深刻内涵，要对标对表习近平总书记为新疆工作擘画的发展蓝图和目标，以“八个坚持”治疆方略为方向，以“二十字”治疆方针为指导，扎扎实实做好新疆气象工作，确保每一项工作、每一项任务都在气象部门落地生根、开花结果。

（二）补足新疆气象现代化的短板与弱项

第一，固牢基础，提升气象监测水平。优化站网布局，扩大监测覆盖范围。对接国家和自治区战略安排，加强卫星遥感应用能力建设。优化天气系统发生发展关键区和气候变化敏感区的站网布局。在人口聚集区适度补充X波段天气雷达等地基遥感观测装备，增强垂直探测能力。在偏远地区、边境地区、无人区等地科学布设站网，填补气象观测盲区。在融雪性洪水等灾害易发的山区补充轻维护、便捷式的自动气象站。

第二，集中攻关，提高气象预报预测水平。加强新疆灾害性天气气候机理及客观化预报技术研究，发展无缝隙、全覆盖、精细化的新疆智能预报业务体系。利用技术援疆或局校合作等方式推进智能网格和短时临近预报业务系统的研发。优化适应新疆及中亚等区域的高分辨率数值预报模式。加强多源数据融合分析及智能客观预报技术研发和业务应用，提升灾害性天气预报预警时效，完善灾害性天气预报预警技术体系。

第三，紧贴民生，提高气象服务水平。完善突发事件预警信息发布系统，探索建立“靶向式”精准预警信息发布业务。发展基于灾害影响预报和风险预警的精细化气象服务。推进棉花气象服务中心建设，开展棉花制种气象服务，打造棉花智慧气象服务平台。开展风能太阳能资源精细化评估。加强旅游兴疆气象保障服务，深挖旅游气候资源潜力，创建国家气候标志品牌。

第四，创新驱动，加强气象科技创新能力。加强新疆气象科技创新能力。强化在研国家科技项目的组织实施，瞄准新疆及中亚灾害性天气的关键科技问题，做好技术攻关，推动研究成果业务应用。组建适应研究型业务发展的科技创新团队，加强乌鲁木齐沙漠气象研究所建设，深化拓展国际科技合作新机制，聚焦解决服务“一带一路”倡议的气象关键核心技术问题。

（三）着重解决基层反映的突出问题

第一，继续实行特殊的人才关怀政策。梳理好、落实好、执行好中央和新疆当地人才政策，释放各项政策潜能、用好现有特殊政策。一是加强干部队伍建设。选优配强配齐新疆气象部门各级领导班子，加强基层党组织和党员队伍建设。把新疆作为全国气象部门干部培养锻炼考核的重要平台，选调内地优秀年轻干部、专业人才赴疆工作。加大选派新疆优秀气象干部到内地挂职任职和培养性交流力度。二是提升新疆气象人才总量。统筹用好国家气象事业编制和地方编制，支持新疆加强气象及相关专业基础高等教育。创新职称评审评定方式，开展“定向评价、定向使用”职称评审和使用模式。三是提振新疆气象工作者干事创业的精气神。通过多种形式与渠道，讲好“扎根边疆、奉献边疆、建功边疆”的新疆气象人故事。深入挖掘新疆干部职工以及援疆干部中的先进人物、典型事迹，以榜样的力量激励、鼓舞广大新疆气象工作者。

第二，加大经费保障与基础设施建设的支持力度。落实国家支持新疆发展有关政策，统筹保障新疆气象部门干部职工工资收入水平，支持新疆地方津补贴、奖金等政策，优先考虑向南疆倾斜。加大基础设施提升改造的支持力度。加快解决部分台站职工周转房紧张和饮水安全问题，持续改善基层气象台站人居环境，加强供暖、供水、供电、供氧等民生设施建设。

（四）谋划好新疆气象事业高质量发展

推进新疆气象事业高质量发展，必须举全国之力统筹谋划。一是谋划好新疆气象“十四五”规划，做好新疆气象发展重大问题研究，找准发展短板，指导做好发展思路、重点任务、工程项目的编制。二是继续加大援疆投入力度，继续落实“项目支出重点倾斜”的优惠政策，优先考虑向南疆倾斜，加快推进气象业务服务基础设施体系建设，提高助力乡村振兴气象服务水平。三是着力提高对口援疆工作质量和效率，大力推广“组团式”援疆，完善和创新对口援疆工作机制，强化“干部人才急需援疆、业务科技优势援疆、资金项目精准援疆”。四是转变发展理念，坚持“输血”与“造血”相结合、对口援疆与交流合作相结合、立足当前与谋划长远相结合，多措并举激发内生发展动力，重在探索新疆气象自主发展可行路径和长效机制。

聚焦绿色赋能推动“气象+绿色发展”的研究报告

苗长明

（浙江省气象局）

一、概述

浙江自然环境优美，生态优势显著，是习近平生态文明思想的重要萌发地。党的十八大以来，习近平在浙江提出的“绿水青山就是金山银山”理念在全国范围结出了丰硕的实践成果。2019年，习近平总书记在新中国气象事业70周年时对气象工作作出重要指示，指出气象工作关系生命安全、生产发展、生活富裕、生态良好。面向生态良好，浙江气象部门率先开展以负氧离子为代表的生态气象要素的监测与评估，积极助力打赢“蓝天保卫战”，深入推进优势气候资源的开发与利用，为推进“两山”价值转化不断贡献气象力量和气象智慧。

当前，浙江省全面开启高质量建设“新时代美丽浙江”新征程。面对新形势新要求，调研组围绕定位、职责、作用发挥等关键点，聚焦如何通过绿色赋能，推进“气象+绿色发展”高质量服务。通过实地调研、召开座谈会等多种形式了解安吉、开化、淳安、丽水等地在服务地方生态文明建设上的做法和存在的问题，开展专题研究，探讨解决措施，形成调研报告。

二、浙江生态气象业务发展的探索与实践

近年来，浙江省气象部门认真学习贯彻习近平总书记对气象工作重要指示和在浙考察重要讲话精神，扎实落实中国气象局与浙江省人民政府《关于共同推进高水平气象现代化和防灾减灾救灾“第一道防线”示范省建设合作协议》。在浙江打赢“蓝天保卫战”“五水共治”“应对气候变化”等重大行动中充分发挥气象科技优势，不断为推进“美丽浙江”建设贡献气象智慧。

（一）生态气象监测与评估业务初具规模

浙江省气象部门在全国较早建设了一套系统化、立体化的生态气象监测站网。截至2021年，已建成包括83个清新空气监测站在内的地面生态气象监测网，开展负氧离子等6大类近30多种生态气象要素的实时观测。建成包括“风云”卫星等系列极轨卫星、静止卫星的综合遥感接收系统，开展太湖蓝藻、森林火情、植被覆盖等的卫星遥感监测分析与评估。依托临安区域大气本底站和国家气象监测站网，开展温室气体、气溶胶、酸雨、臭氧等大气成分的高精度观测和分析评估。

（二）生态环境气象业务服务能力得到提升

浙江省气象部门不断加强区域环境气象模式的研究与应用，研发空气污染气象条件和污染物浓度客观预报技术，建立分类空气污染气象条件预报模型。与生态环境部门建立了重污染天气的联合会商、联合预报预警与应急联动机制。为G20杭州峰会、世界互联网大会等重大活动提供针对性环境气象服务保障。开展了不同减排情景下区域$PM_{2.5}$削减模拟、大气扩散能力与自净能力综合定量评估，为实施精准减排、治理大气污染提供决策依据。

（三）生态气候品牌创建取得明显成效

浙江省气象部门注重分区施策创建气候品牌，持续助力生态价值转化，促进绿水青山好空气赋能美丽生态经济新发展。围绕全域旅游发展和“大花园”“美丽浙江”建设，全省各级气象部门积极挖掘气候资源，助力“绿水青山”成为“金山银山”。丽水、开化、建德等地结合当地生态气候特色，在全国首批成功创建“气候养生之乡”“中国天然氧吧”“气候宜居城市”等国字号生态气候品牌。截至2021年，浙江省创建国家级气候标志的总量走在全国前列，并且主导或参与制订了一系列相关业务技术规范和地方、行业标准。

（四）特色农业气象服务体系逐步完善

浙江省在全国率先创新开展农产品气候品质论证，2012年以来，农产品气候品质认证服务已涵盖茶叶、柑橘、杨梅、水蜜桃、葡萄等19种作物，全省150个农业合作社通过产品认证。2017年成立的茶叶气象服务中心，更是形成以浙江为中心、技术辐射全国的茶叶全产业链气象服务技术体系，精细化的监测预报定量评估服务保障茶叶安全优质生产，积极融入扶贫脱贫攻坚大局，开展安吉白茶精准扶贫气象服务；开展茶叶生态农业气候资源和气象灾害风险区划，优化品种布局。

（五）积极开展应对气候变化气象服务

首次给出浙江省百年气温和降水变化趋势，分析了气候变化背景下浙江省典型城市气温降水的新变化和新特征。开展风能技术研究、风能资源详查、风电场风能资源评估等，制作全省高精度风能图谱和风电场区百米级风能图系。按照省委省政府“五水共治”决策部署，开展城市暴雨强度公式修订，建立城市内涝预报预警技术。强化极端天气事件应对，开展气候变化评估，为浙江省应对气候变化工作提供有力的气象科技支撑。

三、服务“新时代美丽浙江”建设面临的要求与挑战

（一）极端天气气候事件频发对生态保护带来新挑战

全球气候变化背景下，浙江省极端天气气候事件呈现突发性、极端性、多样性等特点。气象资料显示，近年影响浙江省的台风呈偏多偏重趋势，梅汛期雨量也正在经历变多的趋势，局地短时强降雨、冰雹、雷电等强对流天气影响加重，由此对生态环境保护的挑战也越来越大。浙江“七山一水两分田”的自然地理环境造就了复杂的孕灾环境，对标“新时代美丽浙江”建设的工作要求，气象部门的职责面临新的挑战。

（二）各地生态文明差异化需求对气象服务提出新要求

浙江西部安吉县、淳安县、开化县及丽水市等地生态文明建设特点呈现显著的差异化。安吉县因受地形因素影响导致的空气污染成为推进生态文明建设必须解决的问题。淳安县作为“国家重点生态功能区”，如何通过及时有效的预报预警保障水库和供水安全成为现实的挑战。开化县围绕国家公园生态环境保护和地方经济社会可持续发展，探索生态气象服务手段、方法，满足当地党委政府需求，是气象服务的重点。丽水市作为“国家气象公园”创建地，如何以国家气象公园建设为抓手，推进气候资源变气候产品实现价值转换成为现实的考量。

（三）信息化技术快速发展提供新机遇

当前，大数据、云计算、人工智能、5G通信等新技术的迅猛发展，以及

气象领域核心技术自主创新能力不断提高，为气象服务生态文明建设开辟了广阔空间。新技术为气象业务合理布局、服务结构不断优化、智慧气象深入发展提供了新动能。这将助推气象部门深入研究，把新技术转化为新产品，新服务，使之成为气象部门服务“新时代美丽浙江”建设的有力支撑。

四、存在的问题

对标对表习近平总书记对气象工作的重要指示精神、新时代经济社会发展和人民群众美好生活的需求和气象强国发展目标，我们必须清醒地认识到，当前浙江省在服务“新时代美丽浙江”建设等方面仍然存在短板。

（一）生态气象综合监测站网不完善

气象部门观测站点集中于城市和乡镇，缺乏森林、湿地、海洋等生态系统观测站，观测要素多为气象要素，缺少对“山水林田湖草”综合生态要素的有效监测。如淳安县的千岛湖水气界面要素通量的系统观测尚未建立，长序列气候数据的监测分析不足，对“碳达峰”“碳中和”监测业务谋划不深。钱江源国家公园生态环境监测体系中涉及精细化山地气候资源立体监测样地、碳通量监测建设方案目前无案例参考。

（二）服务地方生态文明建设技术能力不足

影响生态质量和生态功能的气象灾变机制、致灾临界条件以及灾变后生态系统自反馈适应的机理机制等相关技术研究还相对较少。利用高分卫星开展精细化服务能力不足。安吉县部门间大数据交互能力的不足不利于高效应对环境空气质量的改善。淳安县利用人工智能算法，开展千岛湖云海、晚霞、星空等气象景观预报不深。开化县生态气象科研创新技术力量不够，无法满足生态气象服务的需求。丽水市目前开展的各类气象景观预测时效较短，准确率不高，相对技术含量不足，亟待攻关突破。

（三）生态价值转化推进不够

气象部门的宣传渠道单一，社会影响力有限，对当前获评的生态气象类品牌推广利用方式方法欠缺，未能充分发挥其效益。地方政府重视以数字评判价值，但当前生态气象景观价值核算无明确标准，例如丽水等地的云海景观具有较大的经济价值，但面临价值核算难及预报时效性不强的问题。

五、对高质量服务“新时代美丽浙江”建设的思考

发挥“新时代美丽浙江”建设气象保障服务的作用，需要我们聚焦绿色赋能，推动“气象+绿色发展”，从找准定位、完善布局、提升能力、扩大开放等六个方面着手。

（一）找准定位，深度融入“新时代美丽浙江”建设

做好新时期生态气象服务工作，必须坚持以人民为中心的发展思想，牢固树立和落实新发展理念，找准气象部门定位，明确气象在服务地方生态文明建设中的切入点，充分发挥气象科技优势。实现生态气象区域协同联网观测，显著提升“山水林田湖城”生态环境卫星遥感监测宏观应用水平和综合评估服务能力，提升碳中和气象科技支撑能力，加强生态气候优势资源深度发掘。

（二）完善布局，建设全省生态气象监测评估预警体系

在浙江生态脆弱区、敏感区和易灾区，要开展有针对性的专项（单项）观测。在具有浙江省区域代表性的森林、农田、湖泊、湿地、城市、海洋、茶园等典型生态系统和重点生态功能区增设生态气象观测功能站。应建立精细化浙江省生态气象要素监测和评估系统，实现全省生态气象“一张网”监测和“一体化”评估。实现省市县三级生态气象数据的有效融合和充分利用，实现国家级技术在浙江的高效落地。

（三）服务“双碳”，提升应对气候变化气象支撑能力

为服务“双碳”目标，要在现有气象观测站点的基础上，建成监测精度高、综合观测要素完整、空间分布合理、地域代表性强、国际可比的浙江省温室气体监测系统。要实现二氧化碳排放源和吸收汇的动态变化反演计算技术的本地化释用，在温室气体监测分析研究和陆地、海洋生态系统的碳汇追踪研究中形成浙江特色。应分析气候变化背景下气象灾害事件变化特征及气象灾害事件发生趋势，综合评估气象灾害发生发展情况。

（四）强化创新，提升绿色发展气象科技支撑能力建设

为进一步提升科技含量，要分类构建不同生态系统类型的生态功能评价指标和浙江省一体化的生态功能评价遥感监测评估系统平台。应该量化生态遥感

模型关键过程参数，分析碳通量计算由站点尺度向区域尺度进行空间尺度转化的尺度效应问题及离散斑块优化处理的方法。应针对不同时间尺度（小时、日、月、年等）温湿风压、日照、空气质量、负氧离子、紫外线、变温变压湿等大量气象因子，甄别遴选“避暑胜地、乡村氧吧、气候康养小镇”等生态气候适宜性评价的合理性指标。

（五）先行先试，打造绿色发展气象服务示范区

为服务地方生态文明建设大局，各地应因地制宜充分发挥气象科技优势。安吉县应推进安吉白茶全生命周期的实时生态气象监测，推动更为准确、精细的白茶开采时间预测。淳安县应推进涡度相关水气通量、能量通量观测塔和湖泊大型剖面蒸发散观测站的建设，应为流域水资源调配管理和生态环境保护修复提供监测数据和科技服务。开化县为增强对钱江源国家公园自然生态平衡能力的监测分析与评估应成立专家工作站，要推进应对气候变化多学科联合与生态系统综合管理技术研究。丽水市局要推进“中国气候养生之乡”“中国天然氧吧城市”“丽水·国家气象公园”试点等国家级品牌宣传应用，进一步宣传丽水气候优势。

（六）深化合作，构建浙江生态气象服务新格局

我们应深化与生态环境、自然资源、文旅等部门的交流，建立稳定的生态文明建设合作机制。整合资源，统筹协调，形成全方位、宽领域、多层次的生态气象合作格局。此外，我们还应完善生态气象业务人才培养机制，加大生态气象业务关键急需领域和薄弱环节的人才引进和交流力度，培养一批具有国内影响力的生态气象业务人才。我们更应积极争取中央、地方财政资金支持，加强业务建设项目和科研课题申报，围绕业务需求推进生态气象业务科研和技术开发。

转型期预报员心理健康状况分析及对策建议

韩　锦[1]　闫志刚[2]　石雪峰[3]　张　笛[1]　张　伊[1]
费海燕[1]　马景奕[4]　何瑜昀[1]

（1. 中国气象局气象干部培训学院；2. 中国气象局机关党委（巡视办）
3. 中国气象局人事司；4. 中国气象局气象干部培训学院甘肃分院）

为了贯彻落实中央人才工作会议精神和局党组关于结合新形势新需求做好新时代气象人才工作的要求，着力提高人才自主培养能力，须以预报员队伍建设为重点统筹推进卓越工程师培养，持续推进预报员转型发展。预报员是气象部门最有行业标识度的职业，也是气象工作中承受压力最大的一个群体。2021年以来特别是入汛以来，全国极端天气气候事件频发重发给气象预报服务带来新挑战新压力。有研究表明，预报服务中预报员承受巨大压力时的心理失衡有时是导致预报出现偏差的非技术因素[1]。预报员良好的心理健康状况，就是提高预报质量的非技术因素。因此，关心预报员心理健康是气象科学管理中不可忽视的大事。

中国气象局气象干部培训学院（中共中国气象局党校）（以下简称“干部学院”）一直承担着预报员从上岗到首席分层分类的系列培训，承建预报员心理素质提升实训环境。基于长期培训观察以及对该群体心理健康状况的追踪研究，通过国际通行的标准化心理健康量表的问卷测评，结合个体访谈、群体座谈、实地走访等方法，定量定性调研分析预报员心理健康状况，并提出心理能力提升干预对策具体建议。

一、调研对象和方法

（一）调研对象

均为从事天气或气候预报的业务及科研人员，包括省级以上天气首席预报

[1]李本亮，2006.“麦莎”预报服务出现偏差的原因分析［C］//2006年全国重大天气过程总结和预报技术经验交流会会议论文.

员、气候首席预报员以及某省人才计划入选人员（重点培养的省内优秀专业技术人员）。调研对象基本代表了国内气象部门从事一线业务工作的高级专业技术人员特别是预报员情况。

（二）问卷调研工具

调研采用的90项症状自评量表（Symptom Checklist 90，SCL-90）是世界上最著名的心理健康测试量表之一，从感觉、情感、思维、意识、行为直至生活习惯、人际关系、饮食睡眠等方面来了解成人的心理健康程度。按全国常模结果，SCL-90总分超过160分，或任一因子分超过2分，需考虑筛选阳性，需进一步检查。

二、预报员心理健康状况

（一）群体整体心理健康风险较高，但未显著超出全国青年科技工作者群体的平均风险水平

数据显示，气象部门一线业务岗的高级专业技术人员整体的心理健康状况（141.63±38.83）显著高于全国常模（129.96±38.76）水平（$P=0.004<0.01$），整体心理健康风险较高。全体参测人员总分阳性率为25.53%，单一因子（超过2分）阳性率为45.74%，详见表1。

表1　不同对象SCL-90总分及任一单一因子阳性检出率

项目		总分阳性检出率	单一因子阳性检出率
对象	某省人才计划入选人员	21.88%	37.50%
	全国天气首席预报员	21.62%	48.65%
	全国气候首席预报员	36.00%	52.00%
总计		25.53%	45.74%

2021年1月出版的《中国国民心理健康发展报告（2019—2020）》显示科技工作者抑郁高风险占6.4%。而2016年中国科协的一项针对科技工作者心理状况的调查结果显示近三成科技工作者存在抑郁倾向，4.2%有较高的抑郁风险。其中45岁以下青年科技工作者有轻度抑郁倾向的占33.1%，高于科技工作者的平均水平（24.4%），且高出全国平均水平（15.6%）一倍。对比该结果，本研究的样本平均年龄42.5岁，提示我们虽然整体心理健康风险较

高，例如强迫症状倾向 41.5%，轻度抑郁倾向 21.3%，轻度焦虑倾向 24.5%，在科技工作者范围内，特别是 45 岁以下青年科技工作者中未显著超出全国平均风险水平。

（二）相对于强迫因子和焦虑因子，人际关系敏感因子的检出率更需得到重视

与全国科协的调查结果不同（显示科技工作者有近三成的人群有抑郁风险），气象部门一线业务岗的高级专业技术人员特别是预报员抑郁风险（21.3%）虽然不低（详见表 2），但从阳性因子检出率上看，心理健康各项因子中强迫症状的因子风险最高（41.5%），其次是焦虑因子（24.5%）和人际关系敏感因子（22.3%，常模中未提供其他因子的数据，因此没有提及）。

表 2　所有参测人员任一因子的阳性检出率

	躯体化因子	强迫症状因子	人际关系敏感因子	抑郁因子	焦虑因子	敌对因子	恐怖因子	偏执因子	精神病性因子	其他因子
所有参测人员	16.0%	41.5%	22.3%	21.3%	24.5%	14.9%	12.8%	18.1%	12.8%	24.5%

有研究表明，随着时代变迁全国常模中强迫因子有了显著增高，焦虑和人际关系因子有了显著降低[1]。考虑到气象行业一线业务人员特别是预报员在工作中需要不断关注最新实况，对比包括数值预报各模式等在内的海量信息，进行数据的更新与修正进而预测未来趋势，使得强迫因子和对不确定性进行预期引发的焦虑因子虽然检出较高，但是可以在一定程度上获得解释和理解。需要注意的是，人际关系敏感因子与时代变化趋势相反，不降反升，说明该人群人际交往问题较多，可能有自卑、自我中心突出，并且已表现出消极的期待。此外，社会支持度也被认为对心理健康程度有很强相关性和预测效度的影响因素，在教学过程中纵向数据追踪研究也发现气象部门从业人员的社会支持程度逐渐下降，拒绝向外求助、自我封闭的趋势逐年上升，是一个较高风险的提示信号。以上结果提示气象行业高级技术人员特别是业务一线的预报员需要提升自我效能感、加强人际联结的平台和技能培训。

（三）女性心理健康状况需要更多关注

虽然整体上气象部门一线业务岗的高级专业技术人员特别是预报员心理健

[1] 童辉杰，2010. SCL-90 量表及其常模 20 年变迁之研究［J］. 心理科学（4）：155，162-164.

康状况一般，但 ANOVA 单因素方差分析不同群体的 SCL-90 的总分没有统计学意义的差异，说明从心理健康总的风险程度角度不同群体间没有差异。但是《中国国民心理健康发展报告（2019—2020）》中数据显示科技工作者中女性拥有较多积极、健康的情绪，生活满意度和幸福感较高。中国科协的数据也显示男性科技工作者（7.10）的抑郁得分显著高于女性科技工作者（6.62）。本研究发现虽然不同性别的 SCL-90 的总分差异不显著，但是气象高级专业技术人员中的女性从业者不但没有体现全国科技工作者中女性的优势，心理健康风险反而更高（女性的均值还高于男性），说明女性预报员的心理健康状况需要提起更多关注。

三、提升预报员心理能力的相关建议

（一）增强风险意识，做到“五早”，完善预报员的心理健康筛查和检测机制

以上调研数据尽管样本量有限，如需得出更为确定的结论还需要扩大样本量，但仍可提示该整体心理健康风险较高。针对这种情况，同时依据 2018 年 8 月中共中央组织部关于“落实和完善体检制度，探索将干部心理健康测评列为常规健康体检项目，定期进行检查测评”[1] 以及中国气象局人事司关于“在重点培训班次中增加心理健康课程，探索将干部心理健康测评列为常规健康体检项目”[2] 的要求，建议考虑通过购买社会心理机构专业服务等方式，针对预报员群体在年度体检中或者定期培训中提供心理健康筛查项目，通过科学规范的检测为预报员提供心理健康状况报告和反馈，使出现心理亚健康苗头而尚未形成严重症状的预报员有机会尽早调整，避免出现更为严重的问题。必要时，为筛查出的高危个体提供就诊和转诊指导，防止出现极端行为。避免因对心理问题不了解而延误干预和治疗时机，从而避免造成健康和社会功能更大损害，做到早了解、早知道、早调整、早干预、早治疗。

（二）提高援助意识，探索建立预报员心理健康风险干预机制，把心理援助纳入气象应急预案

为提高预报员群体心理健康的整体水平，可以采取多种方式对高级专业技

[1]《中共中央组织部关于认真做好关心关怀干部心理健康有关工作的通知》

[2]《中国气象局人事司关于进一步激励气象干部担当作为八条措施的通知》（气人函〔2021〕86 号）

术人员的心理健康实施干预，特别是汛期高负荷工作时期增强服务资源供给。目前，有个别省份为气象职工提供了心理健康测评服务或者汛期的心理健康讲座，但仅是偶发单次行为，并没有建立针对预报员在内的特殊时期一线气象服务人员的心理健康风险干预的长效机制。针对极端天气气候事件频发，预报员岗位工作具有突发性、高强度、阶段性等特点，同时依据国家卫生健康委办公厅关于“100％的党政机关、事业单位和规模以上企业单位为员工提供心理健康讲座、心理测评等心理健康服务”[1]的要求，建议：一是将心理援助纳入气象应急预案，建立兼职的心理援助队伍对在特定时期、特定岗位、经历特殊突发事件的包括预报员在内的一线气象服务人员，及时进行心理服务和援助；二是开展“心理健康指导员培训”项目，在国家、省（区、市）气象局机关和事业单位建立一支兼职心理服务队伍，发挥其宣传员、示范员、指导员、报告员的“四员”职责，在日常工作中提供贴心及时的心理服务。

（三）增强自我保健意识，加强预报员心理健康素养知识和技能的普及

经过多年建设，干部学院已设有针对预报员的分层分类系统性培训，这是对业务一线高级专业技术人员开展心理健康干预的最成熟最有效的载体，应当充分用好这个载体，针对心理健康状况良好或者处于亚健康状态的预报员，可灵活多样充分调动现有社会资源，通过宣传教育和培训辅导来增强其自我保健的意识，使其掌握应对心理危机的基本知识和技能。具体建议：一是在针对预报员在内的高级专业技术人员的气象业务类培训重点班型中，应安排心理健康相关课程，传授情绪管理、压力管理等自我心理调适方法和抑郁、焦虑等常见心理行为问题的识别方法，为预报员提升心理素质更好适岗履职创造条件；二是发挥预报员心理素质提升实训环境建设效益，以“预报员心理健康服务中心”运行方式配套一些保障经费，在非教学时段为本地预报员开展心理与生理评估、心理能力提升、心理压力缓解、心理素质训练提升等服务；三是组织编写出版《气象职工心理健康自助指南》科普书籍，录制预报员汛期心理调适微课程等方便预报员群体获得相关知识和技能；四是通过工青妇群团组织对女性预报员提供更多体现组织关爱、切实解决工作家庭实际困难的举措，提升预报员女性群体的归属感、获得感和幸福感。

---

[1]《关于印发全国社会心理服务体系建设试点2021年重点工作任务的通知》（国卫办疾控函〔2021〕125号）

（四）增强主动应对意识，开展预报员适压心理机制研究

随着人工智能、云计算、大数据、5G技术等的发展，大到气象业务基础架构，观测分辨率、预报精细度和服务覆盖面，小到工作的流程和方法都有可能发生翻天覆地的变化，对每位业务一线的专业技术人员特别是预报员的个人素质能力要求也会发生相应的变化。新时期持续推进预报员转型，科研业务融合发展与研究型业务的开展，都对预报员的团队合作、沟通协调能力提出更高要求，也对以预报员队伍建设为重点推进卓越工程师培养提出更多需求。在技术革新和业务发展中，人的心理能力和认知方式的革新往往容易被忽略。未来预报工作中，相比人工智能，人的优势究竟在哪里？预报员“只可意会不可言传”的经验优势能持续多久？人的哪些认知特质在短时间内存在不可替代性？相比单纯的科学预测，气象预报预测的服务质量评价受当地经济发展水平、人民群众的心理预期、政府部门的决策需要等影响更大，预报员的预报准确率、预报产品质量等工作绩效和工作负荷的关系如何？什么样的工作环境更适合预报员的工作习惯并提高效率？首席岗位预报员如何带好团队，激发团队创新活力？回答这些问题，除了业务技术的视角，也需要心理学和心理健康的视角，比如开展预报员适压心理机制研究，从工程心理学角度对预报员的工作过程进行分析，探索预报员在工作中认知与工作绩效的关系、心理负荷的特点以及情境意识变化等心理规律。